山东省牧草产业技术体系项目

紫花苜蓿

有害生物识别与诊断彩色图谱

杨向黎　赵 鑫　张桂国　主编

化学工业出版社

·北京·

内容简介

随着"振兴奶业苜蓿行动""粮改饲"持续推进,我国苜蓿产业快速发展,为我国畜牧业可持续发展提供了源源不断的动力。但随着苜蓿产业的基础地位不断提高、苜蓿产业规模化生产不断扩大,苜蓿病虫杂草的发生危害日益加重,现已成为制约苜蓿产量和品质提高的重要因素。本书共四章,分别介绍了苜蓿主要病虫草害的种类、识别与诊断方法及其防控技术规程。书中配有原色图谱,易于田间识别与诊断。

本书可供从事饲草生产、科研的相关人员阅读,也可作为大专院校相关专业教师、学生参考用书。

图书在版编目(CIP)数据

紫花苜蓿有害生物识别与诊断彩色图谱/杨向黎,赵鑫,张桂国主编.— 北京:化学工业出版社,2024.2
ISBN 978-7-122-44514-8

Ⅰ.①紫… Ⅱ.①杨…②赵…③张… Ⅲ.①紫花苜蓿-病虫害防治-图谱 Ⅳ.①S435.4-64

中国国家版本馆CIP数据核字(2023)第227051号

责任编辑:张林爽　　　　　　　　　文字编辑:李娇娇
责任校对:宋　玮　　　　　　　　　装帧设计:韩　飞

出版发行:化学工业出版社
　　　　　(北京市东城区青年湖南街13号　邮政编码100011)
印　　装:北京缤索印刷有限公司
710mm×1000mm　1/16　印张15$\frac{1}{2}$　字数221千字
2024年3月北京第1版第1次印刷

购书咨询:010-64518888　　　　　　售后服务:010-64518899
网　　址:http://www.cip.com.cn
凡购买本书,如有缺损质量问题,本社销售中心负责调换。

定　　价:128.00元　　　　　　　　版权所有　违者必究

《紫花苜蓿有害生物识别与诊断彩色图谱》
编写人员名单

主编 杨向黎 赵 鑫 张桂国

参编 杨 慧 韩凤英 刘 云

迟宝杰 崔立华 许树立

紫花苜蓿
有害生物识别与诊断
彩色图谱

前言

2008年的"三聚氰胺"事件，给我国奶业的质量安全敲响了警钟，而优质的草产品是畜牧产品安全的源头，是最直接、最有效的保证。2012年我国启动"振兴奶业苜蓿发展行动"，确立了苜蓿在奶业发展中的基础地位，之后苜蓿成为了振兴我国奶业发展的重要保障。新政策的实施，激发了饲草企业及农民种草的积极性，苜蓿产业蓬勃而起。

近年来，在我国苜蓿产业的基础地位不断受到重视、苜蓿产业规模化生产不断扩大的同时，苜蓿病虫草害的问题也在日益加重，现已成为影响苜蓿产量和品质的重要因素。因此，苜蓿生产中病虫草害安全防控技术对提高苜蓿产量和质量有着至关重要的作用。为了正确诊断苜蓿病虫草害、有效推广普及防治病虫草害的技术，我们以十余年一线工作实践经验为基础，结合所拍摄的大量病虫杂草照片，并参考相关文献，编写了《紫花苜蓿有害生物识别与诊断彩色图谱》，书中配有原色图谱，易于田间识别与诊断。

全书共四章，第一章介绍了植物病害的症状特点、病害的侵染循环、导致植物发病的生物因素和非生物因素，苜蓿主要病害症状的识别特点、病原物的种类；第二章介绍了昆虫形态特征、生物学特性、生长发育规律和昆虫的分类，苜蓿主要害虫的为害特点、害虫的形态特征及其生物学特性；第三章介绍了苜蓿田杂草的发生与为害特点、杂草的生物学特性及主要杂草的识别要点；第四章介绍了苜蓿病虫害、苜蓿田杂草的防控技术规程，在摸清苜蓿病虫草害发生类别的基础上，有针对性地进行综合防控，科学精准地施用化学农药，在有效控制病虫草害的基础上，确保苜蓿优质高产。

本书在编写过程中，参考借鉴了张玉聚等多位同行的研究文献，在此谨致以衷心的感谢！

由于编者水平有限，书中不当之处，诚请读者批评指正。

编者

于山东农业工程学院

2023 年 12 月

第一章

苜蓿病害
识别与诊断

人类生存离不开植物，植物为人类生存提供必需的物质。与人类一样，植物也会生病，有些病害甚至会给植物带来毁灭性破坏，同时也会给人类带来灾难。

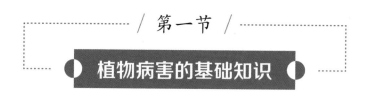

第一节

植物病害的基础知识

一、植物病害的概念

由于受到病原生物或不良环境条件的持续干扰，干扰强度超过了植物能够忍耐的程度，使植物正常的生理功能受到严重影响，在生理上和外观上表现出异常，并造成了经济损失，这时植物就发生了病害。

苜蓿在生长过程中，病原物的侵染以及不良环境条件的影响往往是其致病的因素，病害发生后导致植株从最初的生理病变到组织病变，最后导致其形态病变，使苜蓿的生长、繁育受到影响，甚至致其死亡。

二、植物病害的类型

植物病害分类的方式有多种。

根据致病因素的性质植物病害可以分为侵染性病害、非侵染性病害。植物病原物引起的病害称为侵染性病害，因病害可以传染，也称为传染性病害，如苜蓿褐斑病。非生物因素引起的病害没有侵（传）染性，称非侵染性病害或生理病害。

根据病原生物的种类，侵染性病害可分为：真菌病害、细菌病害、病毒病害、线虫病害、寄生性种子植物病害等。

导致非侵染性病害的因素主要包括各种物理因素与化学因素。物理因素引起的病害包括温度、湿度、光照等气象因素的异常导致的病害，如温度过低，植物会出现冻害；严重的苜蓿涝害可导致苜蓿死亡。化学因素引起的病害包括营养（大量和微量元素）不均衡、空气污染、农药等化学物质使用不当等导致植物受害。

除此之外，植物病害还有其他分类方式。

按照病害传播方式划分，植物病害可以分为气传病害、土传病害、虫传病害、种传病害等。其优点是可以依据传播方式的不同，考虑防治措施。

按照受害器官的类别划分，苜蓿病害包括叶部病害、茎部病害、根部病害等。

在植物病害的研究中，有著名的"病害三角"或"病害三要素"，即寄主、病原物和环境条件。仅有病原物和寄主两方面不能发生病害，病害的发生需要病原、寄主和环境条件的协同作用。这很像一场以环境为裁判的病原与寄主的竞赛，病原生活力越强病害发生越重，寄主生活力越强病害发生越轻；环境越有利于病原，病害发生越重，环境越有利于寄主，病害发生越轻。这种需要有病原、寄主植物和一定的环境条件三者共同作用引起病害的观点，被称为"病害三角"或"病害三要素"的关系。三者共存于病害系统中，相互依存，缺一不可。任何一方的变化均会影响另外两方。

由此可见，环境条件不仅本身可以引起非传染性病害，同时又是传染性病害的重要诱因，非传染性病害会降低寄主植物的生活力，促进传染性病害的发生；传染性病害也会削弱寄主植物对非传染性病害的抵抗力，促进非传染性病害的发生。因此二者相互促进，往往导致病害加重。

三、植物病害的症状

症状是植物发病后出现的反常现象，它包括病状和病征。症状是植物发病时外部显示的表现型，每一种病害都有它特有的症状表现；症状是诊断病害和识别病害的主要依据。

1.植物病害的病状

病状是发病植物本身不正常的表现。病状的表现型主要有：变色、坏死、腐烂、萎蔫、畸形。

（1）变色。发病植物的色泽发生改变，本质是叶绿素受到破坏，但细胞并未死亡。如黄化病、花叶病等（图1-1）。

图1-1　示变色症状

（2）坏死。发病植物的细胞或组织死亡。细胞死亡，是由病原物杀死植物或寄主保护性局部自杀造成的，坏死的部位是不可以恢复的。如叶斑病，苗期的猝倒病、立枯病等（图1-2）。

图1-2　示坏死症状

（3）腐烂。植物幼嫩多汁组织大面积坏死，组织或细胞被破坏消解。根、茎、花、果都可发生腐烂，幼嫩多肉的组织更容易发生（图1-3）。

图1-3　示腐烂症状

（4）萎蔫。植物根茎的维管束组织受到破坏而发生的缺水凋萎现象。根茎的皮层组织完好，剖开观察其截面：正常维管束组织白色或浅绿色；受害维管束组织褐色（图1-4）。

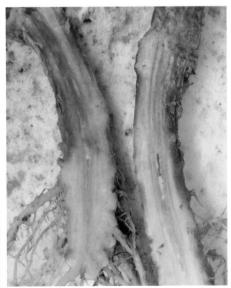

图1-4　示萎蔫症状

（5）畸形。植物受病原物产生的激素类物质的刺激而表现出异常生长的现象（图1-5）。

图1-5 示畸形症状

2.病征的表现型

病征是病原物在寄主植物发病部位的特征性表现。主要有：霉状物、粉状物、粒状物、伞状物或马蹄状物、脓状物。

（1）霉状物。由真菌的菌丝、各种孢子梗和孢子在植物表面形成的特征。如霜霉等（图1-6）。

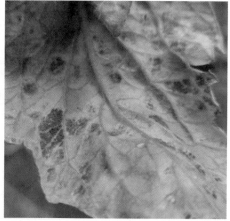

图1-6 示霉状物

（2）粉状物。直接产生于植物表面、表皮下或组织中，以后破裂而散出。如白粉、锈粉等（图1-7）。

图1-7　示粉状物

（3）粒状物。白粉病后期往往在病部产生一些颗粒状物（图1-8）。

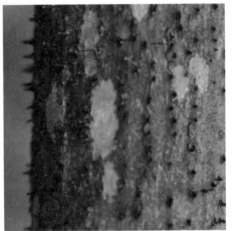

图1-8　示粒状物

（4）伞状物或马蹄状物。植物发病的根或枝干上长出的伞状或马蹄状结构，常有多种颜色（图1-9）。

（5）脓状物。细菌病害在病部溢出的含有细菌菌体的脓状黏

图1-9　示伞状物结构

液。一般呈露珠状或散布为菌液层。菌脓干燥后形成菌痂（图1-10）。

图1-10　示脓状物

有些病害只有病状没有可见的病征，如全部非侵染性病害、病毒病害等。

四、病害的侵染循环

侵染循环是指一种病害从一个生长季节开始发生，到下一个生长季节再度发生的周而复始的过程。它包括病原物的越冬越夏、病原物的传播以及病原物的初侵染和再侵染等环节，在生产过程中切断其中任何一个环节，都能达到防治病害的目的。

1.病原物越冬越夏的场所

病原物越冬越夏的场所主要有田间病株、病残体、带病的种子、田间土壤粪肥和介体昆虫等5类。因此，清除病残体、使用充分腐熟的有机肥，往往能够有效地降低病原菌基数。

2.病原物传播

病原物传播的方式很多，主要分为主动传播、自然动力传播和人为因素传播3大类。

（1）主动传播。病原物依靠本身动力进行的传播称为主动传播，如卵菌的游动孢子、细菌均可借鞭毛在水中游动，线虫在土壤中蠕动，真菌外生菌丝或菌索在土壤中生长蔓延。但这种传播距离较短，仅对病原物的传播起一定的辅助作用。

（2）自然动力传播。自然界中风、雨、流水、昆虫和动物活动都是病原物传播的主要动力。它们可以把病原物从越冬或越夏场所传到田间健株上，也可将田间病株上的病原物传到其他的健株上，使病害扩展、蔓延和流行。这是病原物最主要的传播方式。

（3）人为因素传播。人类经济活动和农事操作等常导致病原物的传播。如调运带病的苜蓿种子，田间施肥、灌溉等活动都可能传播病害。

3.初侵染和再侵染

病原物经过越冬或越夏，通过一定的传播途径传到新生长的植株体上，所引起的第一次侵染称为初次侵染或初侵染。受到初次侵染的植株上，病原又大量繁殖，经再次传播、侵染，致使植株发病，称为再次侵染或再侵染。

对于只有初侵染的病害，设法压低或消灭初侵染来源，即可获得较好的防治效果。对有再侵染的病害不仅要压低或消灭初侵染来源，还必须采取其他防治措施防止再侵染，才能控制病害的发展和流行。

五、侵染性病原菌种类

植物侵染性病害的病原有植物病原真菌、植物病原原核生物、植物病毒、植物病原线虫和寄生性种子植物等。

（一）植物病原真菌

1.真菌的概念

真菌是真核生物，具有细胞壁和真正细胞核；营养体通常是丝状且有分支的结构；典型的繁殖方式是产生各种类型的孢子。

2.真菌的繁殖

真菌的繁殖方式包括无性繁殖和有性繁殖。

（1）无性繁殖。直接从营养体上产生孢子的繁殖方式称为无性繁殖，其产生的孢子称为无性孢子。其特点是产孢周期短，重复次数多，产生的后代数量大，在植物生长季节进行，对植物病害的发生与传播有着重要的作用。

（2）有性繁殖。通过两个性细胞或性器官的结合而进行的生殖方式称之为有性繁殖，其产生的孢子称为有性孢子。有性繁殖的特点是遗传物质重新组合，具有较强的生活力和抵抗不良环境的能力，一年只产生一次有性孢子，且多在寄主的生长后期，以有性孢子越冬并成为病害的初侵染源。

3.真菌的生活史

真菌孢子经萌发、营养生长和繁殖阶段，最后又产生同一种孢子的过程。

典型的生活史包括无性繁殖和有性生殖两个阶段。但在有些真菌的生活史中，并不都具有无性和有性两个阶段，半知菌只有无性阶段；而一些高等担子菌经一定时期的营养生长后就进行有性生殖，只有有性阶段而缺乏无性阶段。

4.真菌的分类

根据营养体、无性繁殖和有性繁殖的特征分为5个亚门，有的可寄生于苜蓿并引起病害。表1-1为不同真菌亚门的特征简介。

表1-1　不同真菌亚门的特征简介

真菌亚门	营养体	无性孢子	有性孢子	所致病害
鞭毛菌亚门	无隔菌丝	游动孢子	卵孢子	霜霉病
接合菌亚门	无隔菌丝	孢囊孢子	接合孢子	根腐病
子囊菌亚门	有隔菌丝	分生孢子	子囊孢子	白粉病、褐斑病
半知菌亚门	有隔菌丝	分生孢子	无	白绢病、叶斑病
担子菌亚门	有隔菌丝	无	担孢子	锈病

（二）植物病原原核生物

1.植物病原原核生物的概念

原核生物是一类细胞核DNA无核膜包裹，一般由细胞膜和细胞壁或只有细胞膜包围的单细胞微生物。植物病原原核生物包括有细胞壁的细菌和放线菌、无细胞壁但有细胞膜的植原体和螺原体。

植物病原细菌一般形态为球状、杆状和螺旋状，其中大多是杆状菌，少数是球状。大多具鞭毛，寄生性强的可以侵染绿色叶片，寄生性弱的只能侵染植物的贮藏器官和果实等抗病性较弱部位。

2.植物病原细菌的繁殖

细菌都是以裂殖方式繁殖，即一分为二。在适宜条件下最快20min繁殖一次。一般植物病原细菌的最适温度为26～30℃。

3.植物病原原核生物病害症状特点

一般性细菌病害的主要症状为坏死、腐烂、萎蔫、肿瘤和畸形等。受害组织表面常为水渍状或油渍状，在潮湿条件下，病部有黄褐或乳白色、似水珠状的菌脓。菌原体引起的病害的症状特点是病株矮化或矮缩、枝叶丛生、叶小而黄（图1-11）。

图1-11 示菌原体病害枝叶丛生症状

4.植物病原原核生物的主要类别

植物病原原核生物主要有真细菌和菌原体两大类群，分属于薄壁菌门、厚壁菌门和软壁菌门。软壁菌门没有细胞壁，也称菌原体。薄壁菌门主要有土壤杆菌属、欧文氏菌属、假单胞菌属和黄单胞菌属，厚壁菌门主要有棒状杆菌属，软壁菌门包括植原体属、螺原体属。

（三）植物病毒

1.植物病毒的概念

病毒不具有细胞结构，它是由核酸和蛋白质或蛋白质外壳组成的具有侵染活性的细胞内寄生的病原物，也称为分子寄生物。

病毒粒体是病毒的基本存在形式，病毒粒体的形态微小，其度量单位为nm。多数植物病毒粒体为球状、线状、杆状等。

2.病毒的增殖

植物病毒的核酸基因组小而简单，绝大多数植物病毒不能合成自身繁殖所必需的原料和能量，只能在活的细胞内利用寄主的合成系统、原料和能量，分别合成核酸和蛋白质，再装配成子代病毒粒体，这种繁殖方式称为复制增殖。

植物病毒在复制增殖过程中自然突变率较高，易导致其病毒粒体形状、蛋白质衣壳中氨基酸的成分、传播性、致病力、寄主范围和致病症状的严重程度等发生变化，也给病毒病防治增加了难度。

3.植物病毒病的症状特点

植物病毒病的症状主要是变色、坏死和畸形。变色表现为花叶、黄化、斑驳、碎色等；坏死则表现为枯斑、环斑、韧皮部坏死、系统性坏死；畸形是植物出现矮化、矮缩、卷叶、蕨叶等症状。

病毒病具有系统性侵染、潜伏侵染和隐症现象等特点。系统性侵染是指病毒感染植物后，由感染点慢慢地扩展到全株，整株表现症状；潜伏侵染则是病毒侵入寄主后暂时不活动，等条件适宜再引起植物发病的现象；有些病毒形成症状后，在特定的环境条件下（高、低温）可暂时隐去症状，称为隐症现象。

4.植物病毒病的主要类别

2005年，国际病毒分类委员会（ICTV）根据构成病毒基因组的核酸类型（DNA或RNA）、核酸是单链还是双链、病毒粒体是否存在脂蛋白包膜、病毒形态和核酸分段状况，将病毒划分为18个科81个属，其中，DNA病毒3科，12属，240种，RNA病毒15科，69属，1329种。

常见的植物病毒主要有烟草花叶病毒（TMV）、黄瓜花叶病毒（CMV）、马铃薯Y病毒（PVY）和马铃薯X病毒（PVX）等。引起苜蓿病毒病的病原是花叶病毒（alfalfa mosaic virus，AMV）。

（四）植物病原线虫

植物寄生性线虫在世界范围内普遍发生，每年造成巨大的经济损失，我国已报道的植物寄生线虫有260多个属，5700多个种，给农业生产造成了较为严重的损失。

1.植物线虫病的概念

寄生于植物并引起植物病害的线虫，称植物病原线虫。植物受线虫危害后所表现的症状，与一般的病害症状相似，因此常称线虫病。习惯上把寄生线虫作为病原物来研究。

寄生植物的线虫一般较小，长约0.3～1mm；有的雌雄同形，呈蠕虫形；有的雌雄异形，雄虫线形，雌虫成熟后膨大成柠檬形或梨形。

植物线虫结构比较简单，从外向内可分为体壁和体腔两部分，从前往后可分为头、颈、腹、尾4个体段。线虫侵入寄主植物体内主要靠口针获取营养。

2.线虫的繁殖

植物线虫一般为两性生殖，也可以孤雌生殖。植物线虫的生活史包括卵、幼虫和成虫3个阶段。多数线虫一年可繁殖多代。

3.植物线虫病症状特点

由于线虫穿刺吸食，对寄主细胞具刺激和破坏作用，其病状往往表现为植株矮小、叶片黄化、局部畸形和根部腐烂等。

一般在植物的受害部位，特别是根结、虫瘿内有线虫的虫体和卵，可以直接分离或分离后镜检；而外寄生线虫一般需要从根围土壤中分离。

4.植物病原线虫的主要类群

常见有根结线虫属、茎线虫属和滑刃线虫属。根结线虫可导致植物根部形成瘤肿，地上部分矮化、黄化和生长不良。茎线虫为害球茎、鳞茎、叶等，引起寄主组织坏死、腐烂、矮化、畸形等；滑刃线虫为害植物叶片、芽、茎和鳞茎，营外寄生或内寄生生活，导致寄生植物叶枯、死芽、畸形、腐烂等。

（五）寄生性种子植物

1.寄生性种子植物的概念

少数植物由于根系或叶片退化，或者缺乏足够的叶绿素，必须从其他植物上获取营养物质而营寄生生活，称为寄生性植物，因为可以产生种子，也称为寄生性种子植物。

2.寄生性种子植物的繁殖

寄生性种子植物以种子进行繁殖。

3.寄生性种子植物的寄生性与致病性

依据寄生性种子植物与寄主的关系，寄生性种子植物可分为全寄生和半寄生。

像菟丝子从苜蓿等豆科植物上获取它自身生活所需要的水分、无机盐和有机物，其叶片退化，茎上产生的吸根与寄主植物的导管和筛管相连，不断地吸取各种营养物质。由于其茎发达，可引起寄主植物黄化和生长衰弱，严重时常导致寄主植物大片死亡，对产量影响较大（图1-12）。

图1-12 示菟丝子为害状

紫花苜蓿有害生物识别与诊断彩色图谱

像槲寄生和桑寄生等植物，本身具有叶绿素，能够进行光合作用，由于缺乏根系，需要从寄主植物中吸取水分和无机盐，其导管与寄主植物相连。半寄生植物在寄生初期对寄主无明显影响，当寄生植物群体较大时会导致寄主植物生长不良和早衰。

4.寄生性种子植物类群

寄生性种子植物分属于被子植物门的菟丝子科菟丝子属、列当科列当属、桑寄生科桑寄生属和槲寄生属。为害苜蓿的主要是菟丝子属。

六、非侵染性病害

植物在生长发育过程中，环境中不适宜的物理因素、化学因素、农药毒害以及植物本身的生理缺陷或遗传性疾病等非生物性因素都会引起植物发生病害，最终导致植物在外部形态上表现出症状。非侵染性病害没有寄生性和传染性，也不产生繁殖体，当其环境条件恢复正常时，病害就停止发展，并且还有可能逐步地恢复常态。

1.营养元素失调

营养元素失调包括营养元素缺乏或营养过量、各种营养元素间比例失调。当苜蓿缺乏氮、磷、钾、锌、镁等元素或有些元素过量，其症状往往发生在老叶上。如苜蓿缺氮，其新叶淡绿，老叶黄化，茎短而粗；当氮肥过量时，则表现茎叶暗绿，植株徒长。当苜蓿缺乏钙、硼、硫、锰等元素，其症状往往发生在新叶上。如缺硫则生长点变黄、变弱、变细，新叶黄化，失绿均一。

营养元素失调主要包括营养元素缺乏或过剩所造成的营养缺素症或营养过剩症。

2.水分供应失调

植物在长期水分供应不足时，营养生长受到抑制，植株变弱变小，严重缺水时，可出现植株萎蔫、叶缘焦枯等症状；土壤水分过多时，易引起烂根，当遇到严重水涝时，则苜蓿会大面积死亡。

3.温度失调

强日光、高温易引起苜蓿茎叶等组织发生灼伤；突然降温可导致苜蓿出现冷冻害。0℃以上的低温造成冷害，0℃以下的低温可造成冻害，特别是倒春寒时易发生。

另外，不合理地使用农药特别是除草剂，也易引起苜蓿发生药害。苜蓿周边地块，使用激素类的除草剂时，会出现飘移药害。

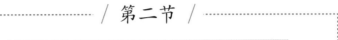

/ 第二节 /

苜蓿病害的识别与诊断要点

一、真菌性病害

苜蓿褐斑病

【病原菌】子囊菌亚门假盘菌属的苜蓿假盘菌（*Pseudopeziza medicaginis*）。病菌的子座和子囊盘生于叶片上的病斑中央部位，一般单生，初埋生于表皮下，成熟时子实层突破表皮；子囊棒状，无色；子囊内有8个子囊孢子，排成1~2列。子囊孢子单胞，无色，卵形至椭圆形状。

【症状识别要点】感病叶片出现褐色圆形小点状的病斑，边缘光滑或呈细齿状，直径0.5~1mm，互相多不汇合。后期病斑上出现浅褐色盘状突起物，直径约1mm。茎上病斑长形，黑褐色，边缘整齐。病斑多半先发生于下部叶片和茎上，感病叶片很快变黄，脱落（图1-13）。

图1-13　褐斑病为害叶片症状

苜蓿炭疽病

【病原菌】子囊菌亚门小丛壳科炭疽菌属三叶草炭疽菌（*Colletotrichum trifolii*）。分生孢子盘近圆形，上散生数目不等的深褐色刚毛，刚毛常稍弯，向顶渐尖；分生孢子梗无色，圆柱形或棒状，分生孢子单胞，无色，椭圆形或两端钝圆的圆柱形（图1-14）。

图1-14 分生孢子盘及刚毛

【症状识别要点】病斑出现于植株的各部位，以茎秆上较常见。茎上出现卵圆形至菱形病斑，稻草黄色，具褐色边缘。后期病斑变成灰白色，其上出现黑色小点，即病菌的分生孢子盘。当病斑扩大时，相互汇合，环茎一周（图1-15）。

图1-15 苜蓿炭疽病为害茎秆症状

苜蓿尾孢霉叶斑病

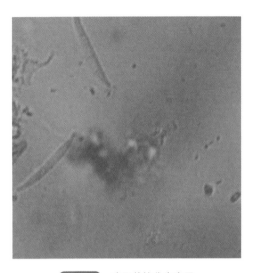

图1-16　病原菌的分生孢子

【病原菌】子囊菌亚门座囊菌纲球腔菌科尾孢属苜蓿尾孢（*Cercospora medicaginis*）。分生孢子梗3～12个束生，呈屈膝状；分生孢子无色透明，直或微弯，圆柱形至针形，基部稍宽向上渐窄，有不明显的多个分隔（图1-16）。

【症状识别要点】叶片上先出现小的褐色斑点，以后扩大成具不规则边缘的大斑，直径26mm，外围常呈黄色。孢子产生时病斑变成银灰褐色。叶部的病斑出现在茎部症状之前。每片小叶可出现2～3个病斑，并在几天内脱落。叶片由下部逐渐向上脱落，是本病最明显的症状。茎部感染出现红褐色至巧克力色的长形病斑，病斑扩大并互相汇合直到大部分茎变色。侵染的菌丝不穿透厚壁组织的维管束鞘，病斑被限制在皮层（图1-17）。

图1-17　苜蓿尾孢霉叶斑病症状

苜蓿匍柄霉叶斑病

【病原菌】 子囊菌亚门格孢腔菌目格孢腔菌科匍柄霉属葱叶枯匍柄霉（*Stemphylium botryosum*）。充分发育的分生孢子具3个横隔，2～3个纵隔，纵横隔交叉呈直角，中间横隔处明显缢缩，胞壁黄褐色，表面密生小刺，内部的分隔不太明显，基部常有一个大的孢痕（图1-18）。

【症状识别要点】 叶片上出现卵圆形或略带不规则的淡褐色病斑，外有淡黄色的晕圈，随着病斑的扩大，出现同心轮纹。温度较大时，病斑上产生深橄榄色的霉层。严重时，叶片变黄、早衰，提早落叶（图1-19）。

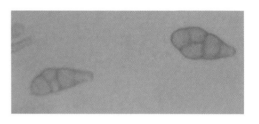

图1-18　病原菌的分生孢子

图1-19　苜蓿匍柄霉叶斑病症状

苜蓿白粉病

【病原菌】子囊菌亚门蓼白粉菌（*Erysiphe polygoni* DC.）。分生孢子卵圆形或椭圆形，闭囊壳着生在菌丝体表层，成熟的闭囊壳为黑褐色，球形或近球形，闭囊壳内含有4～6个子囊，子囊倒棒形或卵圆形（图1-20）。

 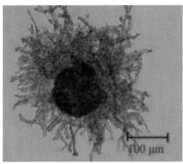 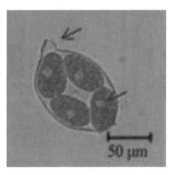

分生孢子　　　　　　　闭囊壳　　　　　　　　子囊

图1-20　病原菌的分生孢子、闭囊壳和子囊（袁玉涛等，2020）

【症状识别要点】苜蓿叶片正反面均可发生白粉病，严重时可蔓延至叶柄和茎秆，植株下部叶片先开始发病，发病后期白粉层上可见黑褐色小颗粒，即为成熟的白粉病病原菌闭囊壳（图1-21）。

图1-21　苜蓿白粉病症状

苜蓿镰孢菌根腐病

【病原菌】子囊菌亚门丛赤壳科镰孢菌属尖孢镰孢菌（*Fusarium oxysporum*）。小分生孢子无色，一般无隔，卵形至椭圆形或柱形；大分生孢子无色，镰刀形，两端稍尖，一般有3隔。孢子着生于侧生的瓶梗上或分生孢子座中（图1-22）。

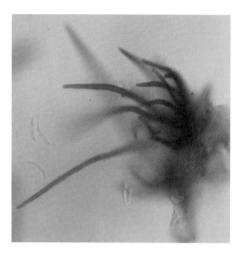

图1-22 病原菌的分生孢子座、分生孢子

【症状识别要点】病害主要发生在根部。先在个别枝条或植株的一侧出现症状，感病后植株变弱，枝梢萎蔫下垂，叶片变黄枯萎，常有部分变为红紫色。根颈腐烂，常因根颈感染部位的芽死掉，引起植株不对称发育。病株常在越冬时死亡，第二年返青时不再萌发。死株很容易从土中拔出，并不由根颈处断裂，根部皮层容易开裂和剥脱，主根剖面上有时可观察到絮状的菌丝体（图1-23）。

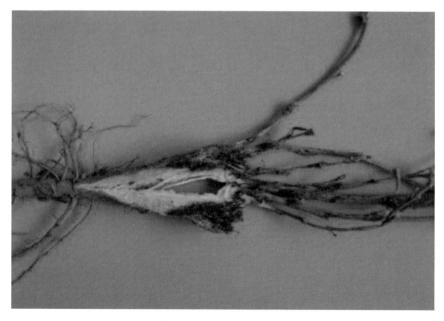

图1-23 苜蓿镰孢菌根腐病症状

苜蓿丝核菌根腐病

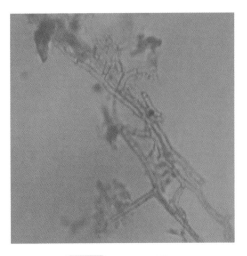

图1-24　病原菌的菌丝

【病原菌】担子菌亚门角担菌科丝核菌属茄属立枯丝核菌（*Rhizoctonia solani*）。菌丝初期无色透明，呈直角分支，分支处略缢缩，老熟菌丝黄褐色，后期可形成菌核（图1-24）。

【症状识别要点】幼苗阶段引起猝倒症状，还引起成株期的根溃疡、芽腐、根颈腐烂、茎基腐以及茎和叶的枯萎等症状。根部被侵染后，形成椭圆形、凹陷的溃疡斑呈黄褐色至褐色，病斑边缘的颜色较深。若病斑环绕根一周，整株死亡。叶和茎受侵染后，出现灰色并带暗红色和褐色边缘的不规则状病斑，病组织很快呈水渍状崩解，数日内蔓延到许多植株上。病叶死后常因菌丝体黏结而贴附在附近的枝茎和叶子上，死组织呈深褐色至黑色（图1-25）。

图1-25　苜蓿丝核菌根腐病症状

紫花苜蓿有害生物识别与诊断彩色图谱

苜蓿白绢病

【病原菌】担子菌亚门阿太菌目阿太菌科阿太菌属罗耳阿太菌（*Athelia rolfsii*）。生育期中产生的营养菌丝白色，有明显缔状连结，一般由3～12条平行排列的菌丝束形成，菌丝先长出侧生分支，后再多叉分支，逐渐变成球形。

【症状识别要点】受害植株地上部分逐渐枯死，根部、根颈和茎基部有水渍状病斑，皮层常纵裂，露出内部机械组织，病组织死亡，变为黄褐色。潮湿时茎基表面密生绢状白色菌丝层，并可蔓延到病株四周的土壤上。菌丝后来变为淡褐色、褐色，形成大量稍近球形的菌核（图1-26）。

图1-26　苜蓿白绢病症状及绢状白色菌丝层

二、病毒类病害

苜蓿花叶病毒病

【病原菌】苜蓿花叶病毒（alfalfa mosaic virus, AMV）。

【症状识别要点】花叶症状主要在春、秋季节较冷条件下，表现于感病型的苜蓿上。夏季叶上症状不明显。叶部症状有淡绿或黄化的斑驳（花叶），叶或叶柄扭曲变形，枝茎矮化（图1-27）。苜蓿感染苜蓿花叶病毒，可导致苜蓿植株受干旱或霜冻的危害。

图1-27　苜蓿病毒病症状

三、生理性病害

苜蓿缺钾

【症状识别要点】叶缘首先出现小的白色到黄色斑点，后斑点间组织变成黄或白褐色，最后整个叶片边缘变黄或白褐色，严重时整个叶片变黄、死亡（图1-28）。

图1-28　苜蓿缺钾症状

苜蓿缺铁

【**症状识别要点**】新叶先出现症状，脉间失绿，但是主脉不失绿，颜色差异明显，发展到后期全叶变白（图1-29）。

图1-29 苜蓿缺铁症状

苜蓿缺硼

【**症状识别要点**】新叶先出现症状，呈黄色或淡黄色，植株顶端出现节间短缩现象，叶脉间出现红色斑块，发展到后期叶片变为青铜色或者紫色，顶端生长点坏死，花蕾不能形成或花粉发育不良（图1-30）。

图1-30 苜蓿缺硼症状

苜蓿缺硫

【症状识别要点】新叶先出现症状，全叶失绿，呈淡绿色至黄色，但不出现坏死斑点，茎秆纤弱，生长缓慢（图1-31）。

图1-31 苜蓿缺硫症状

苜蓿缺锌

【症状识别要点】新叶先出现症状，簇生，叶尖缺失，叶脉失绿（图1-32）。

图1-32 苜蓿缺锌症状

苜蓿涝害

【**症状识别要点**】轻微涝害：根茎的大部分根髓保持鲜嫩状，部分根茎周围虽仍能萌发新芽，但比正常发新枝嫩芽推迟10～20天，芽和枝条长势偏弱，枝条数明显减少。重度涝害：大部分根髓发黄，上部的根茎尚有活力，50％以上出土嫩芽慢慢死亡。严重涝害：根髓变黄，输导组织腐烂，根茎和全部根死亡（图1-33）。

图1-33　苜蓿涝害症状

苜蓿害虫的
识别与诊断

昆虫隶属于节肢动物门昆虫纲,昆虫的种类繁多、个体数量大、繁殖力强、分布范围广。昆虫与人类的关系复杂而密切,部分昆虫给农业、林业生产和人类的健康带来了严重的威胁,人们把它们称之为农业害虫、林业害虫和卫生害虫,而传粉昆虫、天敌昆虫、资源昆虫、食用昆虫等为人类创造巨大的财富,被称之为益虫。除了昆虫纲以外,与农业生产密切相关的还有节肢动物门蛛形纲,俗称螨类。螨类也包括益螨和害螨。

/ 第一节 /

昆虫的基础知识

一、昆虫的大小、形状

1.昆虫的大小

昆虫的大小用体长和翅展来表示。体长是指头部最前端到腹部最末端的长度,不包括触角及尾须等附肢。根据昆虫的体长大小可分为:微型(<2mm)、小型(2～15mm,不包含15mm)、中型(15～40mm,不包含40mm)、大型(40～100mm,不包含100mm)和巨型(100mm及以上)。昆虫的翅展是指前翅展开时,两翅顶角之间的距离。大部分昆虫的翅展在15～45mm之间。

2.昆虫的形状

在长期的进化过程中,昆虫为了适应不同的生存环境,外形发生了不同的变化。简单地可以概括为圆筒形、卵圆形、半球形、平扁形和立扁形等5类。所以在描述昆虫的外形时,常用体粗壮、细长、长形、圆形、圆筒形、半球形、杆状、叶状、扁平、侧扁等术语,或者用某一常见的物体的形态来描述。

二、昆虫的基本构造

昆虫是由头、胸、腹三部分组成的。

1.昆虫的头部

昆虫的头部外面着生触角、复眼、单眼和用于取食的口器，里面有脑、消化道的前端及有关附肢的肌肉，所以头部是昆虫的感觉和取食中心。

（1）昆虫的触角　昆虫的触角是昆虫接收信息的主要器官，具有嗅觉、触觉和听觉等功能，可以帮助昆虫进行觅食、聚集、求偶和寻找适当产卵场所等活动。

为什么田间会使用性信息素来进行生物防治呢？这是因为雄蛾的触角具有嗅觉作用，能用来接收远处雌蛾分泌的性信息素，并飞向雌蛾进行交尾。因此，在害虫的测报与防治上，可以利用这一特性，使用昆虫的性诱剂对害虫进行诱集或迷向。

苜蓿种植园中还可放置盛有糖、醋、酒的容器，诱杀小地老虎和黏虫等。

（2）昆虫的复眼　复眼是昆虫的主要视觉器官，对光的强度、波长、颜色等具有较强的分辨力，能看到人类所不能看到的短光波。人们经常会在大田、果园里悬挂黑光灯，以此来诱虫。黑光灯能发出330～400nm的紫外光波，这是人类感受不到的光，但是昆虫对其极敏感，因此可利用害虫的趋光性来诱杀某些成虫。

（3）昆虫的口器　昆虫在进化过程中，因其食性和取食的方式不同，形成了不同的口器类型，主要包括咀嚼式口器、吸收式口器和嚼吸式口器等三大类别。其中吸收式口器包括刺吸式口器、锉吸式口器、虹吸式口器、刮吸式口器、舔吸式口器。如蝗虫的成虫与若虫、夜蛾类幼虫等属于咀嚼式口器，害虫取食后被害叶片出现缺刻，或整张叶片被吃光，只留下叶脉；如蚜虫、叶蝉等属于刺吸式口器，其为害症状为形成失绿的斑点；而蛾、蝶类的成虫则是虹吸式口器，这种口器的成虫一般对植物不造成危害。

2.昆虫的胸部

昆虫胸部着生足和翅，是昆虫的运动中心。昆虫的胸部由前胸、中胸和后胸3节组成，各节均具有胸足，分别称为前足、中足和后足。多数昆虫的中后胸上还各具有一对翅，称之为前翅和后翅。昆虫各胸节的发达程度与其上着生的翅和足的发达程度有关。

昆虫的翅依据翅的形状、质地、功能，可以分为膜翅、毛翅、鳞翅、缨翅、覆翅、半鞘翅、鞘翅和棒翅8种类型（图2-1～图2-5）。昆虫的翅大多数是用来飞行的，但有的昆虫的翅不可飞行，主要起保护作用，如覆翅、鞘翅和棒翅。很多昆虫的目是依据翅的特点来命名的，如膜翅目、鳞翅目、缨翅目、鞘翅目、半翅目等。

图2-1　示膜翅

图2-2　示鳞翅

图2-3 示鞘翅

图2-4 示半鞘翅

图2-5 示膜翅（脉翅目）

3.昆虫的腹部

昆虫的腹部是体躯的第3个体段，是昆虫新陈代谢和生殖的中心。昆虫的腹部通常由9～10节组成，节与节之间由节间膜相连，相邻两腹节相互套叠，这样就使整个腹部有很大的伸缩性，有助于昆虫的呼吸、交配、产卵等活动，并容纳大量的卵在体内发育。

三、昆虫的生物学特性

昆虫生物学是研究昆虫生命特征的科学，包括生殖方式、昆虫的生长发育、昆虫的变态、各生长发育阶段的生命特征以及行为习性等。通过昆虫生物学，了解昆虫的行为习性、昆虫在发育过程中的薄弱环节，可采取有效措施，抓住有利时机，积极进行防治，对保护利用天敌、开展生物防治等工作具有重要的实践意义。

1.昆虫的性别

一般来说，雌性昆虫的个体大，体色暗，成虫期长；而雄性昆虫则表现为个体小，体色艳丽，活泼，成虫期短。昆虫雌雄个体之间除生殖器官外，其个体大小、体形、斑纹等也有差异，这种现象称为雌雄二型现象。除了雌雄二型现象外，还有多型现象，即同性个体在颜色、斑纹、大小和结构方面存在差异。如蚜虫可分为有翅蚜、无翅蚜、孤雌胎生和有性卵生等类型。

2.昆虫的生殖方式

昆虫在长期的演化过程中，出于对环境的适应和种类的变异，形成了多种生殖方式。主要有两性生殖、孤雌生殖、多胚生殖和伪胎生4种生殖方式。

两性生殖即雌雄交配，卵子受精后才能发育成新个体的生殖方式。这种生殖方式是自然界中绝大多数昆虫的生殖方式。蚜虫在植物生长季节，不经过雌雄交配，雌虫产下的未受精卵就可发育成新个体，这种生殖方式称为孤雌生殖。有些昆虫随着季节的变迁交替进行两性生殖和孤雌生殖的现象，称为世代交替。如苜蓿蚜虫从春季到秋季在作物的生长季节内进行孤雌生殖10余代后，到了秋末才出现雄性个体，进行两性生殖。

四、昆虫的生长发育

1.昆虫的生长发育时期

昆虫是通过卵的孵化、幼虫的生长与蜕皮、化蛹和羽化，完成由卵到成虫的生长发育过程，因此昆虫的发育时期可以分为卵期、幼虫（若虫）期、蛹期和成虫期。

（1）卵期　在昆虫的个体发育过程中，卵是第1虫态，胚胎发育在卵内进行。卵自产下后至孵化出幼虫（若虫）所经历的时间称为卵期。

昆虫卵的外面包有一层起保护作用的坚硬卵壳，坚硬卵壳可以阻止化学农药进入卵内，因此，具有杀卵作用的杀虫剂较少。

卵的大小种间差异较大，飞蝗卵长6～7mm，葡萄根瘤蚜卵为0.02～0.03mm。昆虫卵的形状有：卵圆形、肾形、球形、半球形、桶形、瓶形、纺锤形等。有的卵有一些特殊构造，草蛉卵具有丝状卵柄，蝽类的卵具有卵盖，夜蛾科的卵具有放射状脊纹，菜粉蝶的卵具有网状纹，这些脊纹可增加卵壳的硬度，对卵起保护作用。

昆虫的卵一般为乳白色，也有淡黄色、淡绿色、褐色等其他颜色，通常在接近孵化时颜色变深。因此，卵的大小、形状和颜色也是鉴定昆虫种类的特征之一。大多数昆虫的卵产在叶片的背面，也有产于正面的，像棉铃虫、斑缘豆粉蝶等，蝗虫的产卵于土中及树皮下等隐蔽场所。

了解昆虫卵的大小、形状、产卵方式和场所，对识别昆虫的种类有一定的作用，同时有助于害虫调查与防治。

（2）幼虫（若虫）期 幼虫（若虫）是昆虫个体发育的第2虫态。幼虫期就指完全变态的昆虫从卵的孵化至化蛹前的整个发育阶段。若虫期是不完全变态昆虫从卵的孵化至发育为成虫的时期。

幼虫期是主要危害期，一般4～5龄取食量占总食量的80%～90%，此时期被称为暴食期。因此，害虫防治的适期为3龄前。随着幼虫的生长、虫龄的增加，害虫食量也大大增加，危害加剧，并且抗药性也增强，因此掌握幼虫的龄期，抓住防治的关键时期，具重要意义。

（3）蛹期 蛹是全变态昆虫从幼虫发育到成虫必须经历的一个静止虫态。从化蛹到变为成虫所经历的时期称为蛹期。蛹期是昆虫生命活动中的一个薄弱环节，易受敌害的侵袭和气候的影响。所以掌握蛹的生物学特性，破坏其生态条件，如翻耕晒土、人工捕杀等，是消灭害虫的一个有效途径。

（4）成虫期 成虫是昆虫个体发育的最后一个阶段，到了成虫期其雌雄性别明显分化，性细胞逐渐成熟，具有生殖力，所以成虫的一切生命活动都是以生殖为中心，另外由于成虫的性状稳定，其特征成为分类鉴定的依据。

昆虫性成熟后就可交配。雌虫交配后即可产下受精卵。昆虫的生殖力很强，一般每头雌虫可产卵几十至数百粒，如小地老虎平均产卵1000

粒，最多可达3000多粒。

2.昆虫的发育过程

（1）孵化　昆虫的胚胎发育完成后，幼（若）虫突破卵壳而出的行为称为孵化。初孵化的幼虫体壁的外表皮尚未形成，体柔软，抗药能力差。有些种类的昆虫常有围绕着卵壳静伏或取食卵壳的习性。此时是化学防治的有利时机。

（2）生长与蜕皮　幼虫长到一定程度后，受体壁的限制，必须将旧表皮蜕去，重新形成新的表皮，虫体才能继续生长，这种现象称为蜕皮。昆虫的生长和蜕皮是交替进行的。

（3）化蛹　末龄幼虫脱去表皮后变为静止状态的蛹，这一过程称化蛹。昆虫在化蛹前需寻找适宜场所，如树皮下、石缝中、卷叶中、土壤内等隐蔽场所。很多昆虫能作茧、土室等保护物保护蛹体。蝶类虽化蛹在暴露场所，但有保护色。

（4）羽化　全变态类蛹或不全变态类若虫经过最后一次蜕皮，变为成虫的过程称为羽化。

大多数昆虫刚羽化时生殖腺尚未发育成熟，在成虫期仍需继续取食，使其达到性成熟，才能交配产卵。像蝗虫、蜻类、叶蝉等需要补充营养的昆虫，成虫期也能造成危害，并且成虫期一般较长。因此，对此类昆虫进行预测预报，采取有效的措施对成虫进行防治是十分重要的。

五、昆虫的变态

昆虫在胚后发育过程中，外部形态、内部结构以及生活习性发生一系列变化，转变为性成熟的成虫，这一过程称为变态。由于昆虫的进化程度不同以及对生活环境的适应形成了不同的变态类型，常见的变态类型主要有不完全变态和完全变态。

1.不完全变态

不完全变态昆虫的发育只经过卵期、幼虫期和成虫期三个阶段，翅在幼体外发育。不完全变态又可分为渐变态、过渐变态等类型。

（1）渐变态　幼期与成虫期的昆虫形态、习性及栖息环境等都很相似，只是幼期的个体小，翅发育不完全，因此称为翅芽，性器官未成熟。幼期虫态称为若虫，如蝗虫、螽斯、螳螂、蝉、叶蝉、木虱等都属于此种变态类型。

（2）过渐变态　若虫与成虫均陆生，形态相似，但末龄若虫不吃不动，极似全变态昆虫中的蛹，但其翅在若虫的体外发育，故称为拟蛹或伪蛹。如缨翅目的蓟马、同翅目（现为半翅目）的粉虱等均属过渐变态。

2.完全变态

昆虫的发育要经过卵期、幼虫期、蛹期、成虫期4个阶段。幼虫与成虫在外部形态、内部结构及行为习性上存在着明显的差异，翅在幼虫的体内发育。

如鳞翅目的蛾、蝶类昆虫，幼虫无翅，口器是咀嚼式，取食植物等固体食物；成虫有翅，口器为虹吸式，吮吸花蜜等液体食物。如鞘翅目的金龟子类，成虫有翅，口器为咀嚼式，主要取食植物的花和叶等，幼虫生活在土壤中，主要取食植物的根或根茎等。

六、昆虫的世代与生活史

1.昆虫的世代

昆虫从离开母体开始至发育到性成熟成虫开始产生后代为止的个体发育历期，即完成了一个生命周期，称为一个世代，简称一代，世代是昆虫的一个生命周期。

2.昆虫的生活史

昆虫的生活史包括年生活史和代生活史。

昆虫完成一个世代的发育过程，称为代生活史或生活代史。年生活史是指一种昆虫在一年内的发育史，即由当年的越冬虫态开始活动，到第二年越冬结束为止的发育过程。

3.昆虫生活史的多样性

昆虫生活史的多样性包括昆虫的化性和世代重叠。

（1）昆虫的化性　昆虫一年内发生的代数一定或完成一代需要的时

间一定的现象，称为昆虫的化性。昆虫的化性可以分为一化性、二化性、多化性等。

一化性的昆虫一年发生1代，如大地老虎等，不论在南方还是北方，一年只发生1代；二化性的昆虫一年发生2代；还有的昆虫一年发生3代或3代以上，称为多化性，如斑缘豆粉蝶、蚜虫和温室白粉虱等一年可发生多代。

（2）世代重叠　有的昆虫一年发生多代，往往由于产卵期长或越冬虫态出蛰期不集中，造成前一世代与后一世代或多个世代同时发生的现象，称之为有世代重叠，简单地说，昆虫前后两个甚至多个世代间重叠的现象叫做世代重叠。主要发生在二化性或多化性昆虫中，如甜菜夜蛾、斜纹夜蛾等。

七、昆虫的分类

1.直翅目

体大型或中型，咀嚼式口器。前翅狭长且稍硬化，后翅膜质；有的种类飞行力极强，能长距离飞迁。后足强大，适于跳跃。常见的昆虫有蝗虫、蟋蟀、螽斯、蝼蛄等。

2.缨翅目

通称蓟马。身体微小，一般黄褐或黑色，锉吸式口器，翅膜质，翅缘具有密而长的缨状缘毛。常见的有烟蓟马、温室蓟马等。

3.同翅目

多为小型昆虫，刺吸式口器。具翅种类前后翅均为膜质，介壳虫的雌虫无翅、蚜虫常为无翅型。叶蝉、飞虱、粉虱、蚜虫及介壳虫等均属此目，此目现已并入半翅目。

4.半翅目

多数体形宽略扁平，前翅基半部革质，端半部膜质，称为半鞘翅；刺吸式口器，腹部常有臭腺，故有"臭虫""放屁虫"之称。如绿盲蝽、苜蓿盲蝽、中黑盲蝽等。天敌昆虫有华姬猎蝽等（图2-6）。

图2-6　华姬猎蝽成虫

5.脉翅目

常称为"蛉"；头下口式，咀嚼式口器。捕食蚜虫、蝶蛾幼虫等为肉食性益虫。如中华草蛉等（图2-7）。

图2-7　草蛉成虫及幼虫

6.鳞翅目

鳞翅目为昆虫纲第二大目，成虫称蛾或蝶，因翅面上均覆盖着小鳞片而得名。虹吸式口器。蝶类与蛾类从以下三个特点进行区分，蝶类触角球杆状，休息时翅合拢立于背上，大多在白天活动；蛾类触角呈线状或羽状，休息时则将翅平放于身体两侧或收缩成屋脊状，大多夜间活动，通常都具有较强的趋光性。苜蓿上常见的害虫有斑缘豆粉蝶、小灰蝶、棉铃虫、甜菜夜蛾、豆野螟等。

7.鞘翅目

昆虫纲第一大目，通称甲虫。一般躯体坚硬，有光泽，咀嚼式口器。前翅角质化，坚硬，称鞘翅，无明显翅脉，如叩头虫、金龟子等。常见的天敌昆虫有龟纹瓢虫、异色瓢虫等（图2-8、图2-9）。

图2-8　龟纹瓢虫成虫

图2-9　异色瓢虫成虫

8.膜翅目

主要包括各种蚁和蜂。咀嚼式口器或嚼吸式口器。该目除少数害虫外，大多数为天敌昆虫，如蚜茧蜂、赤眼蜂等。

9.双翅目

主要包括蚊、蝇、虻等。刺吸式口器或舐吸式口器。前翅膜质发达，后翅退化为平衡棒。常见的害虫有美洲斑潜蝇、南美洲斑潜蝇，常见的天敌昆虫有细腹食蚜蝇、大灰食蚜蝇、黑带食蚜蝇等（图2-10、图2-11）。

图2-10　长翅细腹食蚜蝇　　　　　　图2-11　大灰食蚜蝇

八、螨类

螨类俗称红蜘蛛，属于节肢动物门，蛛形纲，蜱螨目，叶螨总科。

1.形态特征

多数螨体柔软，体型甚小，肉眼刚能看见。身体分为躯体和颚体，颚体前方有口器，因取食习性而异，口器或呈螯钳状，或呈刺针状。

卵圆球形；卵孵化后的螨称为幼螨，有足3对，若螨有足4对。成螨长0.42～0.52mm，体色变化大，一般为红色或锈红色，雌成螨椭圆形，雄螨呈菱形。

2.生活史

螨类生活史分卵、幼螨、若螨和成螨。一年发生多代。

3.为害特点

以幼虫、若虫和成虫吸食植物嫩芽、叶片，初期叶片正面呈现失绿的黄白色小斑点，随后扩大成片，最终导致植株全叶枯黄而落叶。

紫花苜蓿有害生物识别与诊断彩色图谱

苜蓿害虫的识别与诊断要点

一、叶蝉类

小绿叶蝉 *Empoasca flavescens*

【**为害症状**】成、若虫刺吸汁液，被害叶初现黄白色斑点渐扩成片，严重时全叶苍白早落。成虫和若虫为害叶片，刺吸汁液，造成叶片褪色、畸形、卷缩，甚至全叶枯死（图2-12）。此外，还可传播病毒病。

【**形态特征**】成虫：体长3.3～3.7mm，淡黄绿至绿色，复眼灰褐至深褐色，触角刚毛状。前胸背板、小盾片浅鲜绿色，常具白色斑点。前翅半透明，略呈革质，淡黄白色，周缘具淡绿色细边。后翅透明膜质；后足跳跃足。头背面略短，向前突，喙微褐，基部绿色。若虫与成虫相似。

【**生活习性**】一年发生10代左右，以成虫在树皮缝、杂草丛中越冬。翌年3月中旬开始活动为害，6月中旬至10中旬为发生高峰期。高温、多雨不利于发生。

成虫

若虫

图2-12 小绿叶蝉成虫、若虫及为害状

大青叶蝉 *Cicadella viridis*

【为害症状】成虫和若虫为害叶片，刺吸汁液，造成叶片褪色、畸形、卷缩，甚至全叶枯死。成虫产卵于寄主植物茎秆、叶柄、主脉、枝条等组织内，以产卵器刺破表皮呈月牙形的伤口。

【形态特征】雌、雄虫体长分别为9.4～10.1mm、7.2～8.3mm。头部正面淡褐色，两颊微青；触角窝上方、两单眼之间有1对黑斑。复眼绿色。前胸背板淡黄绿色，后半部深青绿色。小盾片淡黄绿色。前翅绿色带有青蓝色泽，前缘淡白，端部透明，翅脉为青黄色，具有狭窄的淡黑色边缘。后翅烟黑色，半透明（图2-13）。

图2-13 大青叶蝉成虫

【生活习性】山东一年发生3代，以卵于树木枝条表皮下越冬，4月孵化，若虫期30～50天。各代发生时间不整齐，世代重叠现象严重。

二、蚜虫类

苜蓿斑蚜 *Therioaphis trifolii*

【为害症状】以成、若虫群集在苜蓿枝条的茎叶上刺吸汁液，被害苜蓿的茎叶上出现斑点、缩叶、卷叶等症状。蚜虫排泄的蜜露覆盖在苜蓿的茎、叶表面，导致煤污病，影响光合作用。为害严重时，造成植株萎蔫和矮缩（图2-14）。

【形态特征】有翅蚜：头胸黑色，腹部淡色，有黑色毛基斑，触角细长，与体长相等。无翅蚜：头、胸、腹、体长、黑褐色毛基斑与有翅蚜相同，胸部各节均有中、侧、缘斑，触角细长，与体长相等，翅脉正常，尾片瘤状，有长毛9～11根。

【生活习性】一年发生10余代。以卵越冬。5～6月是为害高峰期。

图2-14　苜蓿斑蚜为害状及成虫

苜蓿蚜（豆蚜）*Aphis craccivora*

【为害症状】成、若虫群集在苜蓿枝条的茎叶上，刺吸苜蓿的茎、叶汁液，被害苜蓿的茎叶上出现斑点、缩叶、卷叶、虫瘿等多种畸形症状。蚜虫排泄的蜜露覆盖在苜蓿的茎、叶表面，导致多种煤污病，使植株不能正常生长发育，直接影响牧草的产品品质与产量。另外，蚜虫能传播多种苜蓿病毒病，如苜蓿花叶病毒病等（图2-15）。

【形态特征】有翅胎生蚜成蚜体长1.5～1.8mm，黑绿色，有光泽。翅痣、翅脉皆为橙黄色。腹部各节背面均有硬化的暗褐色横纹，腹管黑色，圆筒状，端部稍细。无翅胎生蚜成虫体长1.8～2.0mm，黑色或紫黑色，有光泽，体被蜡粉。腹部体节分界不明显，背面有一块大型灰色骨化斑（图2-15）。若虫体小，黄褐色，体被薄蜡粉，腹管、尾片均黑色。

图2-15　苜蓿蚜成虫及为害状

【生活习性】山东一年发生20余代。以卵越冬。苜蓿蚜繁殖的适宜温度为16～23℃，最适温度为19～22℃，低于15℃和高于25℃，繁殖受到抑制。

豆无网长管蚜 *Acyrthosiphon pisum*

【为害症状】成、若虫多群集于苜蓿的嫩茎、幼芽上，刺吸苜蓿的茎、叶汁液，被害部位上出现斑点、缩叶、卷叶等症状。蚜虫排泄的蜜露可诱发多种煤污病。发生严重，植株成片死亡（图2-16）。

【形态特征】有翅蚜体长约3mm，黄绿色，额瘤大，向外突出。触角淡黄色，超过体长。腹管淡黄色，细长弯曲。尾片淡黄色，细而尖，两侧刚毛约10根。无翅蚜体长4mm（图2-16）。

图2-16　豆无网长管蚜成虫及为害状

【生活习性】北方一年发生数代，以卵越冬。在适宜的温度范围内，相对湿度在60%～70%时，大量繁殖，高于80%或低于50%，对繁殖有明显抑制作用。

三、蓟马类

端大蓟马 *Megalurothrips distalis*

【**为害症状**】该虫以锉吸式口器取食植物的茎、叶、花，导致花瓣褪色、叶片皱缩，茎则形成伤疤，最终可能使植株枯萎，同时还传播多种病毒（图2-17）。

图2-17　端大蓟马成虫及为害状

【**形态特征**】雌成虫体长1.6～1.76mm，体黑棕或黄棕色。触角8节，全暗棕色。前胸后角有2对长鬃。前翅暗棕色，基部和近端处色淡。腹部第2至7节背板近前缘处有1黑色横纹。雄成虫比雌成虫体小而色淡，且触角也细（图2-17）。

【**生活习性**】山东一年发生3～4代，以成虫在苜蓿植株叶背或茎皮的裂缝中越冬。翌年5月中下旬盛发，世代重叠。成、若虫白天栖息在花器内和叶背面，行动迅速。

西花蓟马 *Frankliniella occidentalis*

【**为害症状**】成、若虫以锉吸式口器取食苜蓿的嫩茎、叶、花，导致叶片皱缩、花瓣褪色，生长点受害后严重影响植株的生长，影响草产品的产量和质量（图2-18）。

图2-18　西花蓟马为害状

【**形态特征**】雄、雌成虫体长分别为0.9～1.1mm、1.3～1.4mm。触角8节。身体颜色从红黄到棕褐色，腹节黄色，通常有灰色边缘。腹部第8节有梳状毛。头、胸两侧常有灰斑。翅发育完全，边缘有灰色至黑色缨毛，在翅折叠时，可在腹中部下端形成一条黑线。翅上有两列刚毛。若虫黄色，眼浅红。

【**生活习性**】山东一年发生6～8代。以成虫在苜蓿等残枝、土壤中越冬。每年6月至7月、8月至9月下旬是为害高峰期。

四、潜叶蝇类

豌豆潜叶蝇 *Phytomyza horticola*

【为害症状】以幼虫潜入寄主叶片表皮下，曲折穿行，取食绿色组织，形成不规则的灰白色线状隧道。为害严重时，叶片组织几乎全部受害，叶片上布满蛀道，尤以植株基部叶片受害最重，甚至枯萎死亡。幼虫也可潜食嫩荚及花梗。成虫还可吸食植物汁液使被吸处呈小白点（图2-19）。

图2-19　豌豆潜叶蝇为害状

【形态特征】成虫体小，似果蝇。雌虫、雄虫体长分别为2.3～2.7mm、1.8～2.1mm。全体暗灰色而有稀疏的刚毛。复眼椭圆形，红褐色至黑褐色。触角黑色，具芒状。幼虫虫体呈圆筒形，外形为蛆形。蛹为围蛹，长卵形略扁。卵为长卵圆形。

【生活习性】一年发生4～18代，世代重叠。北方地区以蛹越冬。卵散产在叶背组织内，尤以叶尖处为多。幼虫孵化后即潜食叶肉，幼虫共3龄，老熟幼虫在隧道末端化蛹。成虫趋化性强。

美洲斑潜蝇 *Liriomyza sativae*

【为害症状】美洲斑潜蝇成虫和幼虫均为害叶片。雌虫以产卵器刺伤寄主叶片，形成小白点，并在其中取食汁液和产卵。幼虫取食叶片正面叶肉，形成先细后宽的蛇形弯曲或蛇形盘绕虫道，其内有交替排列整齐的黑色虫粪，老虫道后期呈棕色的干斑块区。受害重的叶片表面布满白色的蛇形潜道及刻点，严重影响植株的发育和生长（图2-20）。

图2-20　美洲斑潜蝇为害状

【形态特征】成虫小，雌成虫体长1.5～2.13mm，翅长1.18～1.68mm，雄成虫略小。头部黄色，胸腹背面大体黑色，中胸背板亮黑色，后缘小盾片鲜黄色，体腹面黄色，雌虫体比雄虫大。卵椭圆形，半透明。幼虫蛆状，共3龄。初孵幼虫米色半透明，后变为浅橙黄色至橙黄色。蛹椭圆形，腹面稍扁平，多为橙黄色。

【生活习性】一年可发生10～12代。以蛹在寄主植物下部的表土中越冬。每年6月至7月、9月至10月是为害高峰期。成虫具有趋光性、趋黄性、趋蜜性。

五、蝽类

苜蓿盲蝽 *Adelphocoris lineolatus*

【为害症状】成虫和若虫均以刺吸式口器吸食苜蓿嫩茎、叶的汁液，受害部位逐渐凋萎、变黄、枯干而脱落，影响牧草的产量和质量。

【形态特征】成虫体长7.5～9mm，黄褐色，被细毛。头顶三角形，褐色；复眼扁圆，黑色。触角细长，端半色深。前胸背板胝区隆突，黑褐色，其后有黑色圆斑2个或不清楚。小盾片突出，有黑色纵带2条。前翅黄褐色，前缘具黑边，膜片黑褐色。足细长。腹部基半两侧有褐色纵纹（图2-21）。卵浅黄色，香蕉形。若虫黄绿色具黑毛，眼紫色，翅芽超过腹部第3节。

图2-21　苜蓿盲蝽成虫

【生活习性】山东一年发生3～4代。以卵在草枯茎组织内越冬。若虫爬行能力和成虫飞行能力较强，扩散、迁徙速度快，每天的早晨和傍晚为活动高峰期，中午气温高时多在植物叶片背面静息。

紫花苜蓿有害生物识别与诊断彩色图谱

中黑苜蓿盲蝽 *Adelphocoris suturalis*

【为害症状】以成虫和若虫刺食苜蓿嫩茎、叶的汁液，受害部位逐渐凋萎、变黄、枯干，叶片受害脱落，影响牧草的产量和质量。

【形态特征】成虫体长7mm，体表覆一层褐茸毛，头红褐色，三角形。触角4节，比身体长。前胸背板近中央有2个黑色圆斑，小盾片、爪片内缘与端部、楔片内方、革片近膜区部分都呈黑褐色。卵淡黄色，长形略弯，卵盖长椭圆形，中央下陷而平坦，卵盖一侧有1指状突起。若虫头钝三角形，触角比体长。足红色，腿节及胫节有稀疏黑点（图2-22）。

【生活习性】北方地区一年发生4代。以卵在苜蓿及杂草茎秆中越冬。翌年4月，越冬卵孵化，初孵若虫在苜蓿、苔子、蒿类杂草上活动。一代成虫于5月上旬出现、二代于6月下旬出现、三代于8月上旬出现、四代于9月上旬出现。

图2-22　中黑苜蓿盲蝽成虫及若虫

绿盲蝽 *Lygocoris lucorum*

【为害症状】成虫和若虫均以刺吸式口器吸食苜蓿嫩茎、叶的汁液，受害部位逐渐凋萎、变黄、枯干，叶片受害脱落，影响牧草的产量和质量。

【形态特征】成虫体长5mm，绿色，密被短毛。头部三角形，黄绿色，触角4节丝状，淡黄色。前胸背板深绿色，密布小黑点，前缘宽。小盾片三角形，微突，黄绿色。前翅膜片半透明暗灰色，余绿色。卵黄绿色，长口袋形。若虫5龄，与成虫相似。3龄出现翅芽，5龄后全体鲜绿色，密被黑细毛（图2-23）。

【生活习性】北方一年发生3～5代。以卵在苜蓿、棉花、枣树等寄主茎秆、残茬断枝切口中越冬。翌春4月上旬卵开始孵化，各代若虫的发生分别为4月上中旬、5月下旬至6月上旬、6月下旬至7月上旬、8月上旬至9月上旬。非越冬代卵多散产在嫩叶、茎、叶柄、叶脉、嫩蕾等组织内。

图2-23　绿盲蝽成虫及若虫

三点盲蝽 *Adelphocoris taeniophorus*

【为害症状】成虫和若虫刺吸苜蓿嫩茎、叶的汁液，受害部位逐渐凋萎、变黄、枯干，叶片受害脱落，影响牧草的产量和质量。

【形态特征】成虫体长7mm左右，黄褐色。触角与身体等长，前胸背板紫色，后缘具一黑横纹，前缘具黑斑2个，小盾片及两个楔片具3个明显的黄绿三角形斑（图2-24）。卵茄形，浅黄色。若虫黄绿色，密被黑色细毛，触角第2～4节基部淡青色，有赭红色斑点。翅芽末端黑色达腹部第4节。

图2-24　三点盲蝽成虫

【生活习性】一年发生3代。以卵越冬。越冬卵在5月中旬进入孵化盛期，5月下旬至6月上旬羽化。第二代若虫于6月下旬盛发，7月中旬羽化。第三代若虫于8月上旬盛发，8月下旬羽化。后期世代重叠。

赤须盲蝽 *Trigonotylus ruficornis*

【**为害症状**】成虫和若虫均以刺吸式口器吸食苜蓿嫩茎、叶的汁液，受害叶初现黄点，渐成黄褐色大斑，叶片顶端向内卷曲，严重时整株干枯死亡（图2-25）。

【**形态特征**】成虫身体细长，长5～6mm，鲜绿色或浅绿色。头部略呈三角形，顶端向前方突出，头顶中央有一纵沟。触角4节，红色。前胸背板梯形，具暗色条纹4个，中央有纵脊。小盾片三角形。前翅略长于腹部末端，革片绿色，膜片白色半透明，后翅白色透明（图2-25）。卵粒口袋状，卵盖上有不规则突起。若虫5龄。头部有纵纹，小盾板横沟两端有凹坑。

图2-25　赤须盲蝽成虫及为害状

【**生活习性**】华北地区一年发生3代，有世代重叠现象。以卵越冬。翌年5月上中旬、6月中旬盛发，7月中下旬为若虫盛发期。

横纹菜蝽 *Eurydema gebleri*

【为害症状】成虫和若虫刺吸嫩芽、嫩茎、嫩叶、花蕾和幼荚，被刺处留下黄白色至微黑色斑点。幼苗子叶期受害则萎蔫甚至枯死，花期受害则不能结荚或籽粒不饱满。

【形态特征】成虫体长6～9mm，椭圆形。头蓝黑色，边缘红黄色。前胸背板上具大黑斑6个。小盾片蓝黑色，上具Y形黄色纹，末端两侧各具1黑斑。前翅革区末端有1个横置黄白斑（图2-26）。卵圆柱状，初白色，近孵化时粉红色。若虫共5龄，5龄体长5mm左右，头、触角、胸部黑色，头部具三角形黄斑，胸背具橘红色斑3个。

图2-26　横纹菜蝽雌雄成虫

【生活习性】北方地区一年发生2～3代。以成虫越冬。翌年3月上旬取食并交尾产卵，5月上旬可见各龄若虫及成虫，6～7月盛发至秋末。1～3龄若虫有假死性。

斑须蝽 *Dolycoris baccarum*

【为害症状】以成虫和若虫刺吸苜蓿嫩叶、嫩茎的汁液。茎叶被害后，出现黄褐色的斑点，严重时叶片卷曲、嫩茎凋萎，影响苜蓿的产量。

【形态特征】成虫黄褐或紫色，密被白绒毛和黑色小刻点；触角黑白相间；喙紧贴于头部腹面，细长。小盾片近三角形，末端钝，黄白色。前翅革片红褐色，膜片黄褐色，透明，超过腹部末端。足黄褐色，腿节和胫节密布黑色刻点。卵块排列整齐，卵粒圆筒形，初产浅黄色，后灰黄色，卵壳有网纹。若虫形态和色泽与成虫相同，腹部每节背面中央和两侧都有黑色斑（图2-27）。

图2-27　斑须蝽成虫与若虫

【生活习性】以成虫在田间杂草、枯枝落叶、植物根际等处越冬。4月初开始活动，4月中旬产卵，4月底5月初幼虫孵化，初孵若虫群聚为害，2龄后扩散为害。第二代幼虫于6月中下旬7月上旬孵化，8月中旬开始羽化为成虫，10月上中旬陆续越冬。

六、夜蛾类

甜菜夜蛾 *Spodoptera exigua*

【为害症状】初龄幼虫在叶背群集吐丝结网，食量小，3龄后，分散为害，食量大增，昼伏夜出，为害叶片成孔缺刻，严重时，可吃光叶肉，仅留叶脉，甚至剥食茎秆皮层。

【形态特征】成虫体长10～14mm，翅展25～34mm。体灰褐色。前翅中央近前缘外方有肾形斑1个，内方有圆形斑1个。后翅银白色。体色变化很大，绿色、暗绿色至黑褐色。腹部体侧气门下线为明显的黄白色纵带，有的带粉红色，带的末端直达腹部末端，不弯到臀足上。卵圆馒头形，白色，表面有放射状的隆起线（图2-28）。蛹黄褐色。

图2-28　甜菜夜蛾卵、各色型幼虫

【生活习性】每年发生的代数由北向南逐渐增加，山东5代。以蛹在土壤中越冬。成虫有强趋光性，但趋化性弱。卵多产于叶背，卵块上披有白色鳞毛。幼虫昼伏夜出，有假死性。山东以第3～5代为害较重，一般7～9月是为害盛期。

斜纹夜蛾 *Prodenia litura*

【为害症状】斜纹夜蛾以幼虫咬食叶片，初龄幼虫啮食叶片下表皮及叶肉，仅留上表皮呈透明斑；4龄以后进入暴食期，咬食叶片，仅留主脉。

【形态特征】成虫体长14～20mm，翅展35～40mm，体暗褐色，胸部背面有白色丛毛；前翅灰褐色，内横线和外横线为灰白色波浪状，中间有明显的白色条纹，在环状纹与肾纹间自前缘向后缘外方有3条白色斜线。雌虫产卵成块状，上覆黄褐色绒毛；卵扁平半球状，初产黄白色，后转为淡绿色，孵化前颜色变深。幼虫5龄头部黑褐色，胸腹部体色多变，有土黄色、青黄色、灰褐色、黑绿色等，背线、亚背线及气门上下线均为灰黄色及橙黄色；中胸至第9腹节在亚背线内侧有三角形黑斑1对，其中以第1、7和8腹节最大（图2-29）。蛹圆筒形。

图2-29 斜纹夜蛾幼虫

【生活习性】每年发生的代数由北向南逐渐增加，华北地区一年发生4～5代。在黄淮地区，2～4代幼虫发生在6～8月下旬，7～9月为害严重。初孵幼虫群集为害，有吐丝下垂飘散的习性，3龄以上幼虫有假死性。

紫花苜蓿有害生物识别与诊断彩色图谱

苜蓿夜蛾 *Heliothis dipsacea*

【为害症状】1～2龄幼虫多在叶面取食叶肉，3龄以后自叶片边缘向内蚕食，形成不规则的缺刻。

【形态特征】成虫体长约15mm，翅展约35mm。头胸部灰褐色，前翅灰褐色带青色。沿外缘有7个新月形黑点，近外缘有浓淡不均的棕褐色横带；翅中央有1块深色斑，上有不规则小点。后翅色淡，有黄白色缘毛，外缘有黑色宽带，带中央有白斑，前部中央有弯曲黑斑。卵半球形，卵面有棱状纹，初产白色，后变黄绿色。老熟幼虫头部淡黄褐色，生有许多黑褐色小斑点，中央的斑点形成倒"八"字形。体色多变，体绿色至棕绿色，具黑色纵纹，身体各节满布绿色和黑色小刺，腹面黄色，胸足和腹足黄绿色（图2-30）。蛹黄褐色。

图2-30　苜蓿夜蛾成虫、幼虫

【生活习性】一年发生2代。以蛹在土中越冬。卵产于叶背面。幼龄幼虫有吐丝卷叶习性，老熟幼虫受惊后有假死性。第1代幼虫为害期为6月，第2代幼虫为害期为8月，9月份幼虫老熟入土做土茧化蛹越冬。

焰夜蛾 *Pyrrhia umbra*

【为害症状】1～2龄幼虫多在叶面取食叶肉，3龄以后自叶片边缘向内蚕食，形成不规则的缺刻（图2-31）。

【形态特征】体长12mm，翅展32mm。头、胸部黄褐色。前翅黄色，布赤褐色细点，翅面各线明显，剑纹、环纹、肾纹黄色。翅脉赤褐色，前缘脉较灰黑，外线至亚端线一段有三个白点。后翅淡黄色，翅脉及横脉纹稍黑，端区具一黑色大斑，端线褐色。幼虫体长约38mm，头部灰褐色，胴部青色或红褐色，具小白点和黄纹，背线明显暗褐色（图2-31）。蛹长椭圆形，红褐色。

【生活习性】一年发生2代，以蛹在土壤中越冬。4月下旬越冬蛹开始羽化，5月初至6月初为第一代幼虫为害期，6月下旬至7月下旬为第二代幼虫为害期。8月下旬进入化蛹盛期。

图2-31　焰夜蛾幼虫及为害状

银锭夜蛾 *Macdunnoughia crassisigna*

【为害症状】1～2龄幼虫多在叶面取食叶肉，3龄以后自叶片边缘向内蚕食，形成不规则的缺刻。

【形态特征】体长15～16mm，翅展32mm，头胸部灰黄褐色，腹部黄褐色。前翅灰褐色，马蹄形银斑与银点连成一凹槽，锭形银斑较宽，肾形纹外侧具1条银色纵线，亚端线细锯齿形，后翅褐色。末龄幼虫体长30～34mm，头较小，黄绿色，两侧具灰褐色斑；背线、亚背线、气门线、腹线黄白色，气门线尤为明显。各节间黄白色。腹部第8节背面隆起，第9、10节缩小，胸足黄褐色（图2-32）。

图2-32　银锭夜蛾成虫、幼虫

【形态特征】以蛹越冬。一年发生2～3代。成虫在6～8月出现。有趋光性，卵散产或成块产于叶背，幼虫6～9月间为害，老熟幼虫在植株上结薄茧化蛹。

棉铃虫 *Heliothis armigera*

【为害症状】 幼虫孵化后有取食卵壳习性，初孵幼虫群集为害，3～5头在叶上自叶缘向内取食，只剩主脉和叶柄，或使叶呈网状枯萎。3龄前的幼虫食量较少，较集中，随着生长幼虫逐渐分散，进入4龄食量大增，可食光叶片，只剩叶柄（图2-33）。

【形态特征】 成虫体长14～18mm，翅展31～40mm。前翅外横线外有深灰色宽带，带上有7个小白点，肾纹、环纹暗褐色。后翅灰白，沿外缘有黑褐色宽带，宽带中央有2个相连的白斑。后翅前缘有1个月牙形褐色斑（图2-34）。卵半球形，有纵横纹。幼虫共6龄，体色多变：体色淡红，背线、亚背线褐色，气门线白色，毛突黑色；体色黄白，背线、亚背线淡绿，气门线白色，毛突与体色相同；体色淡绿，背线、亚背线不明显，气门线白色，毛突与体色相同；体色深绿，背线、亚背线不太明显，气门淡黄色。气门上方有一褐色纵带，由尖锐微刺排列而成。幼虫腹部第1、2、5节各有2个毛突特别明显（图2-33）。蛹纺锤形，赤褐至黑褐色，腹末有一对臀刺，刺的基部分开。

【生活习性】 我国由北向南一年发生3～7代，山东一年发生4代。成虫昼伏夜出，有趋光性和趋化性。卵散产于嫩叶、嫩茎尖等部位。初孵幼虫取食卵壳，5～6龄进入暴食期，老熟幼虫在表土层筑土室化蛹。各代盛发期分别为5月中下旬、6月底至7月中下旬、8月上中旬、9月下旬至10月上旬。

图2-33　棉铃虫幼虫及为害状

图2-34　棉铃虫成虫

七、螟蛾类

豆荚野螟 *Maruca testulalis*

【为害症状】幼虫吐丝缀卷几张叶片在内蚕食叶肉组织，蛀食花瓣和嫩茎，造成落花、枯梢，严重影响产量和品质（图2-35）。

【形态特征】成虫体长10～16mm，翅展24～26mm。体灰褐色，前翅黄褐色，在中室部有1个白色透明带状斑，在室内及中室下侧有1个小透明斑；后翅近外缘有1/3面积色泽同前翅，其余部分为白色半透明，有波纹斑，外缘暗褐色。卵椭圆形，黄绿色，表面有近六角形的网纹。幼虫体淡黄绿色，前胸背板黑褐色，中后胸背板上每节的前排有4个毛瘤，后排有褐斑2个。蛹体外被有白色薄丝茧（图2-35）。

图2-35 豆荚野螟成虫、幼虫及为害状

【生活习性】华北地区一年发生3～4代。成虫昼伏夜出，具有趋光性。卵散产。幼虫多在傍晚与次日清晨取食为害，老熟幼虫下落土表和落叶中吐丝作茧。

八、尺蛾类

大造桥虫 *Ascotis selenaria*

【为害症状】低龄幼虫啃食叶肉，留下透明表皮，随着虫龄增加，食量也增加，将叶片边缘咬成缺刻和孔洞，严重时食光叶片仅留下叶脉。

【形态特征】成虫体色变异较大，一般为浅灰褐色。前翅内横线、外横线、外缘线和亚外缘线呈黑褐色波状纹，后翅也有两条波纹，前后翅外缘分别有7个和5个小黑点。卵椭圆形。幼虫体长38～49cm，黄绿色至黄褐色，头顶两侧各有一个黑点。头黄褐至褐绿色（图2-36）。腹部第3、4节具黑色斑点，腹足2对，生于第6、10腹节。蛹长椭圆形。

图2-36 大造桥虫幼虫

【生活习性】以蛹在土壤中越冬。成虫昼伏夜出，趋光性强。卵多产于地面、草秆上。初孵幼虫可吐丝随风飘散。

九、蝶类

斑缘豆粉蝶 *Colias erate*

【为害症状】以幼虫取食为害，2龄以前的幼虫啃食叶肉，留下一层薄而透明的表皮；3龄以后将苜蓿叶片吃成缺刻和孔洞，严重时吃光，全叶仅留叶柄。

【形态特征】成虫体长约18mm，翅展约45mm。触角球杆状。前翅基半部火黄色，靠近前缘处有一小黑圆斑；外半部黑色，有6个黄色斑。后翅基半部黑褐色，具黄色粉霜，中央缀有一火黄色圆斑；外缘1/3呈黑色，有6个黄色圆点。卵纺锤形，有纵横脊。幼虫体绿色，多黑色短毛，毛基呈黑色小隆起，气门线黄白色。蛹前端突起短，腹面隆起不高（图2-37）。

第二章 苜蓿害虫的识别与诊断

图2-37 斑缘豆粉蝶成虫、幼虫及蛹

【生活习性】华北地区一年发生4～6代。以蛹越冬。春末夏初（5～6月）和秋季（9～10月）是发生高峰。老熟幼虫在枝茎、叶柄处化蛹。

豆灰蝶 *Plebejus argus*

【为害症状】幼虫咬食叶片下表皮及叶肉，个别啃食叶片正面，严重时把整个叶片吃光，只留下叶脉，有时也为害茎表皮。

【形态特征】体长9～11mm，翅展25～30mm。雌雄异形。雄翅正面青蓝色，具闪光；前翅前缘多白色鳞片，后翅具1列黑色圆点与外缘带混合。雌翅棕褐色，前、后翅亚外缘的黑色斑镶有橙色新月斑，反面灰白色。前、后翅具3列黑斑。后翅反面基部另具黑点4个，排成直线（图2-38）。卵扁圆形。幼虫头黑褐色，胸部绿色，背线色深，两侧具黄边，气门上线色深，气门线白色。老熟幼虫体背具2列黑斑。蛹长椭圆形。

图2-38 豆灰蝶成虫

【生活习性】山东一年发生5代。以蛹在土壤耕作层越冬。翌年3月下旬羽化为成虫，9月下旬老熟钻入土壤中化蛹。

小灰蝶 *Deudorix epijarbas*

【为害症状】幼虫咬食叶片下表皮及叶肉，个别啃食叶片正面，严重时把整个叶片吃光，只留下叶脉，有时也为害茎表皮。

【形态特征】成虫体长9～11mm，翅展25～30mm。雌雄异形。雌蝶通常呈暗色，雄蝶常具有翠、蓝、青、橙、红、古铜等颜色的金属光彩。翅正面斑纹平淡，反面色彩丰富（图2-39）。

图2-39　小灰蝶成虫

【形态特征】一年可发生数代，以蛹和部分幼虫在苜蓿残株等处越冬。完成一代需30～50d，幼虫期15～25d。

十、甲虫类

大灰象甲 *Sympiezomias velatus*

【为害症状】以成虫取食植株的嫩尖和叶片，轻者把叶片食成缺刻或孔洞，重者把幼苗吃成光秆，造成缺苗断垄。

【形态特征】成虫体长约10mm，灰黄色，有光泽，密被灰白色鳞片；头部和喙密被金黄色发光鳞片，喙粗且宽，具纵沟3条；触角柄节较长，末端3节膨大呈棍棒状；前胸背板宽大于长；鞘翅卵圆形，中间有一白色横带，每一鞘翅具10条刻点沟，中部有褐色云斑；后翅退化；足腿节膨大，前胫节内缘具一列齿突（图2-40）。卵长椭圆形，初产时乳白色，近孵化时乳黄色。初孵幼虫体乳白色；头部米黄色。蛹长椭圆形，乳黄色。

图2-40　大灰象甲成虫

【生活习性】一年发生一代或两年发生一代。以成虫或幼虫越冬。成虫不能飞翔，有假死性。

大猿叶甲 *Colaphellus bowringi* Baly

【为害症状】成虫和幼虫群聚取食苜蓿叶片，严重时吃成网状，仅留叶脉。

【形态特征】成虫体长4.7～5.2mm，长椭圆形，蓝黑色，略有金属光泽；背面密布不规则的大刻点；小盾片三角形；鞘翅基部宽于前胸背板，并且形成隆起的"肩部"，后翅发达，能飞翔。卵长椭圆形，鲜黄色，表面光滑。老熟幼虫体长约7.5mm，头部黑色有光泽，体灰黑色稍带黄色，各节有大小不等的肉瘤，以气门下线及基线上的肉瘤最明显。蛹略呈半球形，黄褐色（图2-41）。

图2-41　大猿叶甲成虫

【生活习性】年发生代次由北到南为2～8代，以成虫在5cm表土层越冬，当温度达26.3℃以上潜入土中或在草丛阴凉处越夏。成虫、幼虫都有假死习性。每年4～5月和9～10月为两次为害高峰期。

暗黑豆芫菁 *Epicauta gorhami*

【**为害症状**】成虫群集为害，主要取食寄主嫩叶、心叶，形成缺刻和孔洞，甚至吃光整个叶片，只剩下叶脉（图2-42）。

【**形态特征**】成虫体和足黑色；前胸背板中央和每个鞘翅中央各有一条由灰白毛组成的宽纵纹，小盾片，翅侧缘、端缘和中缝，胸部腹面两侧和各足腿节、胫节均被白毛；各腹节后缘有一条由白毛组成的宽横纹；触角黑色。卵椭圆形，黄白色，表面光滑。各龄幼虫形态不同，1龄幼虫似双尾虫，体深褐色，胸足发达；2龄、3龄、4龄和6龄幼虫似蛴螬；5龄幼虫呈伪蛹状，全体被一层薄膜，光滑无毛，胸足呈乳突。蛹黄白色，复眼黑色（图2-42）。

图2-42 暗黑豆芫菁成虫及为害状

【**生活习性**】山东一年发生1代。以5龄幼虫（伪蛹）在土中越冬，翌年春天发育为6龄幼虫，再化蛹。6月下旬至8月中旬为成虫发生为害期。

十一、蝗虫类

短额负蝗 *Atractomorpha sinensis*

【为害症状】成虫及若虫取食叶片，形成缺刻和孔洞（图2-43）。

【形态特征】成虫体绿色或褐色。头部削尖，向前突出，绿色型自复眼起向斜下有一条粉红纹，与前中胸背板两侧下缘的粉红纹相接；侧缘具黄色瘤状小突起。

图2-43　短额负蝗若虫及为害状

前翅绿色，超过腹部；后翅基部红色，端部淡绿色（图2-44）。卵长椭圆形，淡黄色至黄褐色。若虫共5龄，特征与成虫相似，体被绿色斑点（图2-43）。

雌虫　　雄虫

图2-44　短额负蝗雌雄成虫

【生活习性】一年发生2代。以卵在土层中越冬。秋季是第2代若虫为害高峰期。

亚洲小车蝗 *Oedaleus decorus*

【为害症状】成虫或若虫喜食苜蓿的嫩茎。

【形态特征】雌虫体长约35mm，前翅长约33mm；雄虫较小，体长25mm，前翅长18mm。全体褐色带绿色，有深褐色斑。前胸背板中部明显缩狭，有明显的"X"纹。前翅基半部有2～3块大黑斑，端半部有细碎不明显的褐斑。后翅基部淡黄绿色，中部有车轮形褐色带纹（图2-45）。

图2-45　亚洲小车蝗成虫

【生活习性】一年发生1代，以卵块在土壤中越冬。翌年5月中下旬卵开始孵化，6月为若虫为害期，7月中下旬为成虫羽化盛期，8月中旬进入交配产卵盛期。

十二、螽斯

螽斯 *Longhorned grasshoppersu*

【为害症状】成虫或若虫喜食苜蓿的嫩茎。

【形态特征】成虫体长在40mm左右。触角丝状，长于身体。体色多为草绿色，覆翅膜质，较脆弱，前缘向下方倾斜，一般以左翅覆于右翅之上。后翅多稍长于前翅。雄虫前翅具发音器。雌虫前足胫节基部具一对听器。后足腿节十分发达。尾须短小，产卵器刀状或剑状（图2-46）。卵多产于植物组织中，或成列产于叶边缘或茎秆上。若虫需蜕皮5～6次才能变为成虫。

图2-46　螽斯成虫

【生活习性】一年繁殖1代，以卵在土中过冬，成虫或若虫嬉戏栖息于谷物田间或灌木丛中。

十三、地下害虫类

苹毛丽金龟 *Proagopertha lucidula*

【为害症状】 以成虫食害花蕾、花芽、嫩叶等。

【形态特征】 成虫体卵圆形，长约10mm。头、胸背面紫铜色，并有刻点。鞘翅为茶褐色，具光泽。鞘翅上可见后翅折叠成"V"字形。腹部两侧有明显的黄白色毛丛，尾部露出鞘翅外。后足胫节宽大，有长、短距各1根（图2-47）。卵椭圆形，乳白色。临近孵化时，表面失去光泽，变为米黄色，顶端透明。幼虫体长约15mm，头部为黄褐色，胸腹部为乳白色。蛹长12.5～13.8mm，裸蛹，深红褐色。

图2-47　苹毛丽金龟成虫

【生活习性】 一年发生1代。以成虫在土中越冬。幼虫取食苜蓿的细根或腐殖质。成虫具有趋光性，为害期为4～5月。

大黑鳃金龟 *Holotrichia diomphalia*

【为害症状】主要以幼虫食害作物幼苗、种子及幼根、嫩茎。咬断幼根嫩茎，切口整齐，造成幼苗枯死（图2-48）。成虫仅食害叶片，有时为害花果。

【形态特征】成虫长椭圆形，体黑至黑褐色，有光泽，触角鳃叶状。前胸背板宽约为长的2倍，两鞘翅表面均有4条纵肋，上密布刻点（图2-48）。卵椭圆形，初乳白后变黄白色；孵化前近圆球形，洁白而有光泽。幼虫头部黄褐至红褐色，具光泽，体乳白色，疏生刚毛，老熟幼虫身体弯曲近C形。蛹为裸蛹，初乳白色，后变黄褐至红褐色。

【生活习性】一年或二年发生1代，以幼虫和成虫在土中越冬。5～7月成虫大量出现，成虫有假死性、趋光性和趋化性。

图2-48　大黑鳃金龟成虫及幼虫为害状

小地老虎 *Agrotis ypsilon*

【为害症状】低龄幼虫在植物的地上部为害，取食嫩叶，造成孔洞或缺刻；中老龄幼虫白天躲在浅土穴中，晚上出洞取食植物近土面的嫩茎，使植株枯死，造成缺苗断垄。

【形态特征】成虫体长16～23mm，翅展42～54mm。前翅黑褐色，亚基线、内横线、外横线及亚缘线均为双条曲线；在肾形斑外侧有一个明显的尖端向外的楔形黑斑，在亚缘线上有2个尖端向内的黑褐色楔形斑，3斑尖端相对。卵馒头形，表面有纵横相交的隆线。老熟幼虫体长37～47mm，黄褐色至黑褐色，体表粗糙，密布大小颗粒。腹部1～8节背面各有4个毛片（图2-49）。蛹体红褐色或暗红褐色。

图2-49　小地老虎幼虫

【生活习性】山东一年发生4代，第一代幼虫为害严重。以幼虫和蛹在土中越冬。成虫具有强烈的趋化性。幼虫共6龄，但少数为7～8龄。

黄地老虎 *Agrotis segetum*

【为害症状】1～2龄幼虫昼夜活动，啃食嫩叶，3龄后白天隐没在土壤中，夜出活动为害，咬断幼苗基部嫩茎，造成缺苗。

【形态特征】成虫体长14～19mm。全体黄褐色。前翅亚基线及内、中、外横纹不很明显；肾形纹、环形纹和楔形纹均明显，各围以黑褐色边，后翅白色，前缘略带黄褐色。卵半球形，卵壳表面有纵脊纹。幼虫与小地老虎相似，体黄褐色，体表颗粒不明显，有光泽，多皱纹。臀板中央有黄色纵纹，两侧各有1个黄褐色大斑（图2-50）。蛹体红褐色。

图2-50　黄地老虎幼虫

【生活习性】山东一年发生2代，以幼虫在土中越冬。第一代幼虫为害严重，幼虫为害期约2个月。成虫有较强的趋光性和趋化性。

大地老虎 *Agrotis tokionis*

【为害症状】低龄幼虫在植物的地上部为害，取食嫩叶，造成孔洞或缺刻；中老龄幼虫白天躲在浅土穴中，晚上出洞取食植物近土面的嫩茎，使植株枯死，造成缺苗断垄。

【形态特征】成虫体长20～22mm，翅展45～48mm，头部、胸部褐色，前翅灰褐色，楔状纹明显，周缘均围以黑褐色边，肾纹外方有黑色条斑；后翅淡褐色，外缘具很宽的黑褐色边。老熟幼虫体长41～61mm，黄褐色，体表皱纹多，颗粒不明显。头部褐色，中央具黑褐色纵纹1对，各腹节2毛片与1毛片大小相似（图2-51）。卵半球形黑色。蛹长23～29mm，初浅黄色，后变黄褐色。

图2-51 大地老虎幼虫

【生活习性】一年发生1代，以低龄幼虫在表土层或草丛根茎部越冬。翌年3月开始取食为害，5～6月钻入土层深处筑土室越夏。9月成虫羽化后产卵于表土层，10月中旬幼虫入土越冬。

东方蝼蛄 *Gryllotalpa orientalis*

【为害症状】成虫、若虫均在土中活动，取食播下的种子、幼芽或将幼苗咬断致死，受害的根部呈乱麻状（图2-52）。昼伏夜出，晚9～11时为活动取食高峰。

【形态特征】成虫灰褐色，全身密布细毛。头圆锥形，触角丝状。前胸背板卵圆形，中间具一暗红色长心脏形凹陷斑。前翅灰褐色，较短，仅达腹部中部。后翅扇形，较长，超过腹部末端。腹末具1对尾须。前足为开掘足，后足胫节背面内侧有4个距（图2-52）。初孵若虫乳白色，腹部大。2、3龄以上若虫体色接近成虫。卵椭圆形，初产灰白色，有光泽，后逐渐变成黄褐色，孵化之前为暗紫色或暗褐色。

图2-52 东方蝼蛄成虫与为害状

【生活习性】一年或两年发生一代。成虫具有强烈的趋光性、趋化性和趋湿性。

沟金针虫 *Pleonomus canaliculatus*

【为害症状】沟金针虫属于多食性地下害虫。主要发生在旱地平原地段。以幼虫钻入植株根部及茎的近地面部分为害，蛀食地下嫩茎及髓部，使植物幼苗地上部分叶片变黄、枯萎，为害严重时造成缺苗断垄（图2-53）。

【形态特征】成虫深栗褐色。体扁平，密生金灰色细毛。头部扁平，

头顶呈三角形凹陷，密布刻点。体中部最宽，前后两端较狭（图2-53）。卵近椭圆形，乳白色。幼虫初孵时乳白色，老熟幼虫体形扁平，全体金黄色，被黄色细毛。由胸背至第八腹节背面正中有1明显的细纵沟。蛹长纺锤形，乳白色。

【生活习性】沟金针虫三年完成1代，幼虫期长。以幼虫或成虫在土壤中越冬。4月是为害盛期。夏季温度高，幼虫垂直向土壤深层移动，秋季又重新上升为害。

图2-53　沟金针虫成虫与幼虫为害状

十四、软体动物类

同型巴蜗牛 *Bradybaena similaris*

【为害症状】初孵幼同型巴蜗牛取食叶肉，留下表皮，稍大个体用齿舌将叶、茎磨成小孔或将其吃断（图2-54）。

图2-54　同型巴蜗牛成虫

【形态特征】壳质厚，坚实，呈扁球形，有5～6个螺层，顶部几个螺层增长缓慢，略膨胀，螺旋部低矮，体螺层增长迅速、膨大。壳面呈黄褐色或红褐色，有稠密而细致的生长线。头发达，上有2对可翻转缩回的触角。卵圆球形，乳白色有光泽，渐变淡黄色，近孵化时为土黄色。

【生活习性】一年发生1代，以成螺、幼体蛰伏在苜蓿秸秆下面或土壤中越冬。夏季干旱或遇不良气候条件可暂时不活动。4～5月和9～10月间产卵量较大。

第三章

苜蓿田杂草的
识别与诊断发生

苜蓿田杂草的基础知识

杂草一般是指农田中非栽培的野生植物，是农业生产的大敌。紫花苜蓿在生长过程中，极易受到杂草危害。杂草已经成为制约苜蓿产业化发展的瓶颈之一。

紫花苜蓿种子较小，苗期生长缓慢，杂草危害往往导致苜蓿苗小苗弱，严重影响苜蓿草的苗期生长。在苜蓿生产中，如果管理粗放，刈割后苜蓿田往往由于水肥条件较好，杂草生长势较好，不仅影响苜蓿产量，而且降低草品质量，使蛋白质含量降低，影响经济效益。

一、苜蓿田杂草的为害特点及生物学特性

杂草是在人和自然的选择下，长期适应当地的作物、栽培、耕作、气候和土壤等生态环境及社会条件下生存下来的，其植株大小、根茎叶形态和内部组织结构等形成了多种多样的适应方式，从不同的方面侵害作物。

（一）苜蓿田杂草的为害特点

1.与苜蓿争水、肥、光等，侵占苜蓿生长的地上和地下空间，严重影响光合作用，干扰苜蓿的生长

不同种类的杂草个体大小、群体的数量不同，对苜蓿的为害程度也不同。在水肥光等充足的条件下，有的杂草高度可达2m以上，矮的仅有几厘米；同种杂草在不同生境条件下，其个体大小变化亦较大。夏季在阳光充足、雨水充沛的条件下，特别是苜蓿刈割后，杂草生长旺盛，多数茎秆粗壮、叶片厚实、根系发达，茎叶的机械组织、薄壁组织都很发达。相反，如果苜蓿生长旺盛，杂草往往因郁闭度大，其茎秆细弱，叶片宽薄，根系不发达，茎叶的机械组织、薄壁组织也不发达。俗话说"根深叶茂"，地上部分生长旺盛的杂草，其地下都有着较为发达的根系，

有着很强的吸附水分能力，会通过吸收土壤中的水分与肥料对农作物健康生长造成影响，导致农作物减产。

苜蓿属于不耐涝的植物，涝害过后，往往出现苜蓿死亡或生长衰退现象，而杂草则生长旺盛，在杂草发生严重的地块，往往没有苜蓿的生存之地。

图3-1、图3-2分别为苜蓿田狗尾草和圆叶牵牛为害情况。

图3-1 苜蓿田狗尾草为害情况

图3-2 苜蓿田圆叶牵牛为害情况

2.有些杂草是苜蓿病虫害的中间寄主

苜蓿上发生的蚜虫种类较多，有些越年生的杂草，如毛地黄、紫花地丁、断续菊、苦荬菜等，往往是蚜虫、红蜘蛛等害虫的寄主，主要为害苜蓿、大豆、棉花等作物。

3.降低苜蓿草的产量和质量

田间杂草发生的轻重，对苜蓿草的产量和质量的影响是不同的。杂草发生较轻，对产量的影响较小，可能会降低草产品蛋白质等干物质的含量，从而影响草的质量；但如杂草发生较重，如图3-1中狗尾草的为害，则会导致苜蓿大量死亡，收获的草产品只能以禾本科草进行销售，而非苜蓿草，有的地块甚至需要毁种，造成严重的经济损失。

（二）杂草的生物学特性

1.多实性、连续结实性和落粒性

杂草的一生能产生大量的种子繁衍后代，如马唐、小飞蓬、藜、苋等每株可产生几万到几十万粒种子。但这些种子并不能全部发芽，只有表土层的种子能够萌发，而多数表土层以下种子处于休眠状态。像藜科、苋科等杂草，其花序为无限花序，花轴下部的花先开，渐及上部，花序轴能不断地向上生长，因其生长期较长，从而能不断地结实、落粒（如图3-3）。

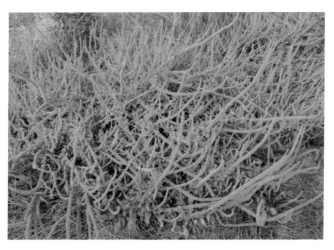

图3-3　长芒苋植株与花序

2. 多种传播方式

杂草种子和果实的传播范围很广，因为许多杂草都有其独特的传播结构，如蒲公英、小蓟等的种子有长绒毛，可以借助风力传至远方（如图3-4、图3-5）；苍耳、鬼针草有刺或钩刺，易附在人、动物身上，传播到别处（如图3-6、图3-7）。有的杂草种子，可借助雨水和灌溉水在农田传播。有的随种子的调运进行远距离的传播。

图3-4　蒲公英瘦果上的冠毛

图3-5　茅草颖果外丝状柔毛

图3-6　苍耳果实上的硬刺

图3-7　鬼针草果实上的倒刺毛

3.多种繁殖方式

一年生或两年生的杂草，以种子进行繁殖；而多年生的杂草除能产生大量的种子外，还具有无性繁殖能力。像小蓟、田旋花、狗牙根等以地下的根茎进行繁殖，香附子以块茎进行繁殖。

4.杂草的出苗期与成熟期参差不齐

大部分杂草出苗期不整齐，如荠菜、断续菊、小蓬草等，秋末初冬可以出苗，春夏季也可出苗；如藜、苋类杂草，在山东从春天开始出苗，一直延续到秋季。出苗期不同，导致成熟期也不同，这给杂草的防除带来较大的困难。

5.杂草的竞争力强

多数杂草属于C_4植物。C_4植物最初的光合作用产物是四碳化合物，在显微镜下，C_4植物的维管束鞘由一层薄壁细胞组成，细胞较大，所含叶绿体比周围叶肉细胞大且分布密集，颜色较深，其利用CO_2的能力较C_3植物强，光合效能高，在高温干旱等不利条件下尤为明显，因此，被称为高光效植物。据报道，杂草在不同光照强度下对光的利用率比农作物高$2\sim2.54$倍，它的光合能力和吸收光范围比作物大$2\sim5$倍。

杂草适应性、抗逆性较强，在干旱等不良环境中杂草仍能生存；杂草种子的寿命比较长，据报道，看麦娘、蒲公英、牛筋草种子可存活5年以上，荠菜、苋等种子可存活10年以上。

二、苜蓿田杂草类型

杂草的分类是进行杂草研究和杂草防除的基础。常见的分类方式包括按植物分类系统、形态学特征、生物学特性、营养方式和生态型等特征进行分类。

（一）按植物分类系统进行分类

根据植物在形态、结构和生理等方面的相似程度，力求反映其在进化过程中彼此亲缘关系远近的分类方法，称为自然分类法。这种分类方法是以形态学特征为基础的，常用的分类等级有界、门、纲、目、科、属和种，种是最基本的分类单位。大多数杂草都属于被子植物门。

现以狗尾草为例，说明它在植物分类上的各级单位：

界 植物界（Regnum vegetable）

  门 被子植物门（Angiospermae）

    纲 单子叶植物纲（Monocotyledoneae）

      目 禾本目（Graminales）

        科 禾本科（Gramineae）

属　狗尾草属（*Setaria*）

种　狗尾草［*Setaria viridis*（L.）P. Beauv.］

（二）按形态学进行分类

在生产实践中，人们习惯于按形态学进行分类，将杂草简单地分为单子叶杂草和双子叶杂草两大类；有时则分为阔叶类杂草、禾本科杂草以及莎草科杂草三大类。许多除草剂的选择性就是根据杂草的形态获得的，但形态特征不是除草剂唯一的选择性。

1.阔叶类杂草

阔叶类杂草茎圆形或四棱形，实心，节间不明显，叶片宽阔，具网状叶脉，有柄。胚具有2片子叶。常见的阔叶类杂草有藜、苋等（如图3-8）。

图3-8　反枝苋植株

2.禾本科杂草

禾本科杂草主要形态特征是茎圆形或略扁，节间明显、中空；常有叶舌，叶片狭窄而长，叶脉平行，无叶柄；胚具有1片子叶。常见的有芦苇（如图3-9）、狗尾草、牛筋草等。

图3-9 芦苇植株

3.莎草科杂草

茎三棱形，无节间，茎常实心。叶鞘不开张，无叶舌。叶片狭窄而长，平行叶脉，叶无柄。胚具有1片子叶。常见的莎草科杂草有香附子、碎米莎草等（如图3-10）。

图3-10　具芒碎米莎草植株

（三）按生物学特性分类

1.一年生杂草

一年生杂草一般在春、夏季发芽出苗，夏、秋季开花，结实后死亡，整个生命周期在当年内完成。这类杂草都以种子繁殖，是农田的主要杂草类群，如马齿苋、马唐、龙葵、藜等。

2.二年生杂草

二年生杂草又称越年生杂草，一般在秋冬季萌发，以幼苗和根越冬，次年春夏季开花，结实后死亡，整个生命周期需要跨越两个年度。这类杂草也是以种子繁殖，如荠菜、婆婆纳、播娘蒿等。

3.多年生杂草

多年生杂草一生中能多次开花、结实。这类杂草的特征是营养繁殖能力强，其一般以营养器官进行无性繁殖以及以种子繁殖。以其营养繁殖的方式不同，可以分为地下根繁殖、地下茎繁殖和地上茎繁殖。如苣荬菜、小蓟等是以地下根进行繁殖，芦苇、白茅等以地下茎进行繁殖，香附子则是以块茎进行繁殖（如图3-11）。地下根与地下茎最大区别是地下茎具有节和节间。

图3-11 香附子匍匐根状茎、椭圆形块茎

（四）其他分类方法

1.根据营养方式进行分类

绝大多数杂草是光合自养的，但也有不少杂草属于寄生的，例如菟丝子主要寄生于苜蓿、大豆、三叶草等豆科植物，寄生后其叶片退化，叶绿素消失，根系蜕变为吸根。菟丝子可引起苜蓿黄化和生长衰弱，严重时造成大片死亡，对产量影响极大。

2.根据生态型分类

苜蓿田杂草又可分为旱生型和湿生型杂草。旱生型杂草如马唐、狗尾草、反枝苋、藜等多生于旱田作物中及田埂上，不能在长期积水的环境中生长；湿生型杂草如稗草、鳢肠等喜生长于水分饱和的土壤，能生长于旱田，不能长期生存在积水环境。若田中长期淹积水，幼苗则死亡。

3.根据杂草的为害程度分类

以杂草的为害程度可将杂草分为无害杂草、轻度为害杂草和重度为害杂草三类，重度为害杂草往往导致苜蓿严重减产甚至绝产。因此，在生产中我们要了解杂草的特性、发生特点，才能有针对性地进行杂草的防控。

三、苜蓿田杂草主要种类

据初步调查统计，目前山东省苜蓿田杂草有34科135种。其中，菊科杂草有28种、禾本科杂草18种、十字花科杂草9种、豆科和藜科杂草各为8种、苋科和旋花科各7种（如表3-1）。在调查中，我们发现十字花科的杂草在春季为害较重，尤其是播娘蒿；夏秋季以苋科、藜科和禾本科杂草发生较重，尤其是禾本科杂草群体密度较大，给苜蓿的生产带来严重的影响。

表3-1 苜蓿田主要杂草发生的种类

序号	科	发生种类/种	杂草名称
1	报春花科	1	点地梅
2	酢浆草科	1	酢浆草
3	车前科	1	平车前
4	唇形科	1	夏至草
5	豆科	8	野豌豆、草木樨、白香草木樨、田皂角、野大豆、鸡眼草、白车轴草、红车轴草
6	大戟科	4	铁苋菜、地锦草、斑地锦草、泽漆
7	粟米草科	2	粟米草、簇花粟米草
8	葫芦科	1	马泡瓜
9	菊科	28	刺儿菜、泥胡菜、香丝草、小蓬草、鳢肠、乳苣、蒲公英、婆婆针、鬼针草、羽叶鬼针草、金盏银盘、一年蓬、秋鼠曲草、苣荬菜、断续菊、苦荬菜、中华苦荬菜、乔叶苦菜、齿缘苦荬菜、褐冠小苦荬、尖裂假还阳参、山莴苣、苍耳、牛膝菊、钻叶紫菀、碱菀、茵陈蒿、野艾蒿
10	锦葵科	2	苘麻、野西瓜苗
11	夹竹桃科	1	罗布麻
12	藜科	8	藜、尖头叶藜、小藜、灰绿藜、野滨藜、碱蓬、地肤、猪毛菜
13	蓼科	6	萹蓄、旱型两栖蓼、绵毛酸模叶蓼、羊蹄、皱叶酸模、齿果酸模

序号	科	发生种类/种	杂草名称
14	夹竹桃科	2	萝藦、鹅绒藤
15	马齿苋科	1	马齿苋
16	牻牛儿苗科	1	野老鹳草
17	茄科	3	龙葵、假酸浆、苦蘵
18	蔷薇科	1	朝天委陵菜
19	茜草科	1	猪殃殃
20	桑科	1	葎草
21	商陆科	1	美洲商陆
22	石竹科	2	小繁缕、牛繁缕
23	伞形科	2	蛇床、野胡萝卜
24	十字花科	9	小花糖芥、独行菜、密花独行菜、风花菜、荠菜、芝麻菜、播娘蒿、盐芥、弯曲碎米荠
25	梧桐科	1	马松子
26	苋科	7	腋花苋、绿穗苋、反枝苋、凹头苋、皱果苋、刺苋、青葙
27	旋花科	7	田旋花、打碗花、毛打碗花、圆叶牵牛、裂叶牵牛、羽叶茑萝、菟丝子
28	玄参科	3	婆婆纳、通泉草、地黄
29	鸭跖草科	2	鸭跖草、火柴头
30	罂粟科	2	角茴香、秃疮花
31	紫草科	2	麦家公、附地菜
32	禾本科	18	看麦娘、白茅、狗尾草、虎尾草、马唐、虮子草、千金子、芦苇、稗、早熟禾、大画眉草、雀麦、野燕麦、多花黑麦草、节节麦、牛筋草、鬼蜡烛、茵草
33	百合科	1	薤白
34	莎草科	5	具芒碎米莎草、萤蔺、聚穗莎草、旋鳞莎草、香附子

苜蓿田杂草识别与诊断要点

一、报春花科

点地梅 *Androsace umbellata* (Lour.) Merr.

【识别要点】全株被细柔毛，植株分枝多而密集。须根纤细。基生叶丛生，叶片近圆形或卵圆形，基部微凹或呈不明显截形，先端钝圆，边缘有多数三角状钝牙齿，两面均被贴伏的短柔毛，叶质稍厚。花葶通常数枚自叶丛中抽出，高4～15cm；伞形花序，具4～15朵花；苞片卵形至披针形；花萼杯状，呈星状展开；花冠白色，筒部短于花萼，喉部黄色（如图3-12）。蒴果近球形，果皮白色，近膜质。

【生物学特性】一年生或二年生草本。种子繁殖。秋天萌发，花期2～4月，果期5～6月。

图3-12　点地梅植株与花

二、酢浆草科

酢浆草（酸味草）*Oxalis corniculata* L.

【识别要点】株高10～35 cm，全株被柔毛。茎细弱，多分枝，直立或匍匐，匍匐茎节上生根。叶基生或茎上互生，三小叶复叶；叶柄细长，被柔毛；小叶倒心形，无柄，被柔毛。花单生或数朵呈伞形花序状，腋生，总花梗淡红色，与叶近等长，花梗果后延伸；小苞片2，披针形；萼片5，披针形或长圆状披针形，背面和边缘被柔毛，宿存；花瓣5，黄色，长圆状倒卵形（如图3-13）。蒴果长圆柱形，5棱。种子长卵形，褐色或红棕色，具横向肋状网纹。

【生物学特性】一年生直立草本。种子繁殖。3～4月出苗，花期5～9月，果期6～10月。

图3-13　酢浆草植株与花

三、车前科

平车前 *Plantago depressa* Willd.

【识别要点】株高5～20cm，具圆柱形根茎（如图3-14）。叶基生，平铺或直立，卵状披针形、椭圆状披针形或椭圆形，边缘疏生锯齿，被柔毛或无毛，纵脉5～7条，叶柄基部具较宽叶鞘。花葶少数，生柔毛。穗状花序直立，上部花密集，下部花稀疏。苞片三角状卵形，边缘呈紫色。花萼裂片4，椭圆形。苞片和花萼有绿色龙骨状突起，边缘膜质。花冠裂片4，椭圆形或卵形，先端有浅齿。蒴果圆锥状，长4～5mm，黄褐色至黑色，成熟时在中下部周裂。种子黑褐色。

【生物学特性】一年生或二年生草本。秋季或早春出苗，花期6～8月，果期8～10月。种子繁殖。

图3-14 平车前植株

四、唇形科

夏至草（小益母草、白花夏枯草）

Lagopsis supina (Stephan ex Willd.) Ikonn.-Gal. ex Knorring

【识别要点】茎高15～45cm。茎四棱形，直立或上升，密被微柔毛，常在基部分枝。叶轮廓为圆形或卵圆形，先端圆形，基部心形，掌状3深裂，裂片边缘有圆齿或长圆形犬齿，叶片两面绿色，均被短柔毛及腺点。轮伞花序，在枝条上部者较密集，在下部者较疏松；花萼管状钟形，外密被微柔毛，萼齿5，三角形，先端具刺；花冠白色，稍伸出萼筒，外被短柔毛；上唇直出，下唇斜展，3浅裂；小坚果长卵形，褐色，有鳞秕（如图3-15）。

【生物学特性】一年生或二年生草本。种子繁殖。秋季出苗，产生具莲座状叶的植株越冬，花期3～4月，果期5～6月。

图3-15　夏至草植株与花果

五、豆科

野豌豆 *Vicia sepium* L.

【识别要点】株高30～100cm。根茎匍匐，茎柔细斜升或攀缘，具棱，疏被柔毛。偶数羽状复叶，叶轴顶端卷须发达；托叶半截形，边缘有2～4裂齿；小叶8～14对，长卵圆形或长圆披针形，先端钝或平截，微凹，有短尖头，基部圆形，两面被疏柔毛，下面较密。总状花序，花2～6朵腋生，总花梗短；花萼钟状，萼齿披针形或锥形，短于萼筒；花冠红色或近紫色（如图3-16）。荚果宽长圆状，近菱形，成熟时亮黑色，先端具喙，微弯。种子2～4个，扁圆球形，黑色。

【生物学特性】多年生草本。花期5～6月，果期6～8月。种子繁殖。

图3-16 野豌豆植株与花

草木樨 *Melilotus officinalis* (L.) Pall.

【识别要点】株高60～100cm。茎直立，粗壮，多分枝，具纵棱，微被柔毛。叶互生，羽状三出复叶，叶柄长1～2cm；托叶线形，长5mm，先端长渐尖；小叶长椭圆形至倒披针形，长1～2cm，宽0.3～0.6cm，先端钝圆或截形，中脉突出成短尖头，基部阔楔形，边缘具不整齐疏浅齿，叶脉伸至边缘齿处，两面均被短柔毛，小叶柄长约1 mm，侧小叶的小叶柄短，疏被柔毛。总状花序腋生，长达20cm，具花多数，花梗短。花萼钟形，花冠黄色，旗瓣长于翼瓣（如图3-17）。荚果卵形，棕黑色，无毛，有网纹，仅1节荚，先端有短喙；有种子1～2粒，卵形，黄褐色，平滑。

【生物学特性】一年生或二年生草本。花期5～9月，果期6～10月。种子繁殖。

图3-17 草木樨植株与花

白花草木樨 *Melilotus albus* Desr.

【识别要点】株高 70～200cm，全草有香气。茎直立，圆柱形，中空，多分枝，几无毛。羽状三出复叶，小叶长圆形或倒披针状长圆形，长2～3.5cm，宽0.5～1.2cm，先端钝圆、截形或稍凹，基部楔形，边缘疏生浅锯齿；托叶狭三角形，先端呈尾尖，基部宽。总状花序腋生，花小，多数，排列疏松；苞片线形，花萼钟形，微被柔毛，萼齿三角状披针形；花冠白色，旗瓣椭圆形，稍长于翼瓣，龙骨瓣与翼瓣等长或稍短（如图3-18）。荚果椭圆形至长圆形，灰棕色；有1～2粒种子，卵形，棕色。

【生物学特性】一年生或二年生草本。4～5月出苗，花期5～7月，果期7～9月。种子繁殖。

图3-18　白花草木樨植株与花

合萌（水皂角、田皂角）*Aeschynomene indica* L.

【识别要点】茎直立，高30～100cm，圆柱形，无毛，上部多分枝，具小凸点且稍粗糙，小枝绿色。偶数羽状复叶，20～30对小叶，长圆形，长3～8mm，先端钝圆或微凹，具细刺尖头，基部圆形，无柄；托叶膜质，披针形，长约1cm，先端急尖。总状花序腋生，花少数，总苞有稀疏刺毛，有黏质；苞片2，唇形；花瓣黄色带紫纹，旗瓣无爪，翼瓣有爪，短于旗瓣，龙骨瓣较翼瓣短。荚果线状长圆形，微弯，有6～10荚节，成熟后逐节横断脱落，荚节平滑有乳头状突起，每节含1粒种子（如图3-19）。种子肾形，褐色至近黑色，近光滑，无光泽。

图3-19 合萌植株、花与果

【生物学特性】一年生半灌木状草本。种子繁殖。花期7～9月，果实于8～10月成熟。

野大豆 *Glycine soja* Sieb. et Zucc.

【识别要点】茎、小枝纤细，缠绕，全体疏被褐色长硬毛。三出复叶，顶生小叶卵圆形或卵状披针形，先端锐尖至钝圆，基部近圆形；侧生小叶斜卵状披针形，托叶卵状披针形，急尖；小叶被白色短柔毛，托叶被黄色柔毛。总状花序腋生；花梗密生黄色长硬毛，苞片披针形，花萼钟状，密生长毛，裂片5，三角状披针形，先端锐尖；花冠淡红紫色或白色，旗瓣近圆形，先端微凹，基部具短瓣柄，翼瓣斜倒卵形，有明显的耳，龙骨瓣比旗瓣及翼瓣短小（如图3-20）。荚果长圆形，稍弯，两侧稍扁，密被长硬毛；种子间稍缢缩，干时易裂；种子2～3颗，椭圆形，稍扁，褐色至黑色。

【生物学特性】一年生缠绕草本。种子繁殖。4～5月出苗，花期6～8月，果期7～9月。

图3-20　野大豆植株

鸡眼草 *Kummerowia striata* (Thunb.) Schindl.

【识别要点】株高20～80cm。茎常平卧、斜升或直立，被短柔毛和散生的毛。三出复叶，小叶倒卵形、倒阔卵形或长圆形，先端圆或微凹，具小突起，基部楔形，全缘；托叶披针形（如图3-21）。花1～3朵，腋生；小苞片4，一个生于花梗的关节之下，其他3个生于萼下；萼钟状，深紫色，花冠淡红色。荚果卵状长圆形，外被有细短毛；种子卵状。

【生物学特性】一年生草本。花果期6～9月。

图3-21 鸡眼草植株

白车轴草 *Trifolium repens* L.

【识别要点】主根短，侧根和须根发达。茎匍匐蔓生，上部稍上升，节上生根，全株无毛。掌状三出复叶；托叶卵状披针形，基部抱茎成鞘状；小叶倒卵形至近圆形，先端圆或凹，基部楔形，边缘具细锯齿，叶面具"V"字形斑纹或无。花序呈头状，含花40～100朵，总花梗长；花萼筒状，花冠蝶形，白色，有时带粉红色（如图3-22）。荚果倒卵状长形，种子肾形。

【生物学特性】多年生草本。种子繁殖。花果期6～9月。

图3-22　白车轴草植株与花

红车轴草（红三叶）*Trifolium pratense* L.

【识别要点】株高10～30cm。掌状三出复叶，小叶倒卵形至近圆形，先端钝圆，基部楔形渐窄至小叶柄，边缘有细齿，叶片中央常有"V"形白斑纹，叶下面有长白毛，托叶卵形。头状花序腋生，总花梗比叶柄长近1倍，具花20～50朵，密集；花萼钟筒状，花冠白色、乳黄色或淡红色，具香气（如图3-23）。荚果长圆形，包被于宿存的萼内；种子阔卵形。

【生物学特性】多年生草本。种子繁殖。花果期6～9月。

图3-23　红车轴草植株与花

紫花苜蓿有害生物识别与诊断彩色图谱

六、大戟科

铁苋菜（海蚌含珠、铁苋）*Acalypha australis* L.

【识别要点】高30～50cm。茎直立，有分枝。叶互生，有叶柄，叶片卵状披针形或长卵圆形，先端渐尖，基部楔形，基部三出脉明显，叶片边缘有钝齿，两面有毛或近于无毛。花单性，雌雄同株，穗状花序腋生；雄花序极短，生于极小的苞片内；雌花序生于叶状苞片内；苞片开展时肾形，合时如蚌，边缘有钝锯齿，基部心形；花萼4裂；无花瓣（如图3-24）。蒴果小，三角状半圆形，被粗毛；种子卵形，灰褐色。

【生物学特性】一年生草本。苗期4～5月，花期5～7月，果期7～10月。果实成熟开裂，散落种子。种子经冬季休眠后萌发。

图3-24　铁苋菜植株与花序

地锦草 *Euphorbia humifusa* Willd.

【识别要点】含乳汁。茎纤细，匍匐，长10～30cm，近基部分枝，带紫红色，无毛。叶对生，长圆形，先端钝圆，基部偏斜，边缘有细齿，绿色或带红色，两面无毛或疏生柔毛。杯状聚伞花序单生于叶腋，总苞倒圆锥形，淡红色，先端4裂（如图3-25）。蒴果三棱状球形，无毛。种子卵形，黑褐色，外被白色蜡粉。

【生物学特性】一年生匍匐草本。种子繁殖，经冬眠萌发。4～5月出苗，花期6～7月，果实7月后渐次成熟。

图3-25　地锦草植株与花

斑地锦草（紫斑地锦草、紫叶地锦）*Euphorbia maculata* L.

【识别要点】株高15～25cm，含白色乳汁。茎匍匐，柔细，自基部多分枝，有白色细柔毛。叶对生，椭圆形或倒卵状椭圆形，长5～9mm，先端尖锐，基部近圆形，不对称，边缘上部有疏细锯齿，上面无毛，中央有紫斑，背面有柔毛；叶柄极短。花序单生于叶腋，总苞倒圆锥形，顶端4裂。蒴果三棱状球形，被有白色细柔毛，种子卵形而有角棱，长约1mm（如图3-26）。

【生物学特性】一年生匍匐草本。种子繁殖。4～5月出苗，花果期7～10月。

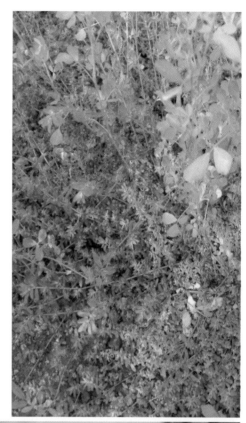

图3-26　斑地锦草植株与花

泽漆（五朵云、猫儿眼草、奶浆草）*Euphorbia helioscopia* L.

【识别要点】株高15～30cm，全株含乳汁。茎自基部分枝，茎丛生，基部斜升。叶互生；叶片倒卵形或匙形，先端微凹，边缘中部以上有细锯齿，无柄。基部楔形，叶小，开花后渐脱落。多歧聚伞花序，顶生，伞梗5，每伞梗再分生2～3小梗，每小伞梗又第三回分裂为2叉，伞梗基部具5片轮生叶状苞片，较大；总苞杯状，裂片黄绿色。蒴果球形光滑。种子褐色，卵形，表面有明显凸起网纹（如图3-27）。

【生物学特性】一年生或二年生草本。种子繁殖。以幼苗或种子越冬。秋天10月下旬至11上旬发芽，早春较少发芽。花期4～5月，果期6～7月。

图3-27　泽漆植株、花与果

七、番杏科

粟米草（万能解毒草、降龙草）*Trigastrotheca stricta* (L.) Thulin

【识别要点】株高10～30cm，茎纤细，多分枝，有棱角，无毛。叶常3～5片轮生或对生，叶片披针形或线状披针形，顶端急尖或长渐尖，基部渐狭，全缘，中脉明显，侧脉不明显；叶柄短或近无柄（如图3-28）。花极小，组成疏松二歧聚伞花序，花序梗细长，顶生或腋生，淡绿色。蒴果近球形，种子多数，细小，肾形，栗色。

【生物学特性】一年生草本。苗期4～5月，花期6～8月，果期8～10月，结实量大。种子繁殖。

图3-28　粟米草植株

长梗星粟草（簇花粟米草）*Glinus oppositifolius* L.A.DC.

【识别要点】茎高10～40cm，扩展，多分枝，无毛。叶对生或3～6片叶轮生，叶片倒披针状线形或长圆状倒卵形，基部狭长延伸成短柄（如图3-29）。花白色略带绿色，数朵丛生于叶簇内；花梗纤细；萼片5，长圆形。蒴果椭圆形。

【生物学特性】一年生草本。种子繁殖。花期6～8月，果期8～10月。

图3-29　长梗星粟草植株

八、葫芦科

马㼎瓜（小野瓜）*Cucumis melo* L. var. *agrestis* Naud.

【识别要点】植株纤细，茎有棱，有黄褐色或白色的糙硬毛和疣状突起。卷须纤细，单一，被微柔毛。叶柄长8～12cm，具槽沟及短刚毛；叶片厚纸质，近圆形或肾形，长、宽为8～15cm，正面粗糙，被白色糙硬毛，背面沿脉密被糙硬毛，边缘不分裂或3～7浅裂，裂片先端圆钝，有锯齿，基部截形或具半圆形的弯缺，具掌状脉。花单性，雌雄同株。果实小，长圆形、球形或陀螺状；种子污白色或黄白色，卵形或长圆形（如图3-30）。

【生物学特性】一年生匍匐或攀缘草本。种子繁殖。7～8月开花结果。

图3-30　马㼎瓜植株、花与果

九、菊科

刺儿菜（小蓟）

Cirsium arvense var. *integrifolium* C.Wimm.et Grabowski

【识别要点】根状茎细长。茎直立，高20～50cm，茎无毛或被蛛丝状毛。单叶互生，无柄，叶缘具刺状齿，叶椭圆形或披针形，长7～15cm，宽1.5～10mm，全缘或有浅裂齿，两面被白色蛛丝状毛。雌雄异株。雄株头状花序总苞长约18mm，雌花序总苞长约25mm；总苞片多层，具刺；花冠紫红色。瘦果椭圆形或长卵形，略扁平；冠毛羽状（如图3-31）。

【生物学特性】多年生草本，以根芽繁殖为主，种子繁殖为辅。3～4月出苗，5～6月开花、结果，6～10月果实渐次成熟。种子借风力飞散。

图3-31　刺儿菜植株、花序与种子

泥胡菜 *Hemisteptia lyrata*（Bunge）Fisch.& C.A.Mey.

【识别要点】根圆锥形，肉质。株高30～100cm。茎直立，具纵棱，被稀疏蛛丝状毛或无。基生叶莲座状，有柄，倒披针状椭圆形或倒披针形羽状分裂，裂片三角形，有时3裂，侧裂片7～8对，长椭圆状倒披针形至线形；中部叶片椭圆形，无柄，羽状分裂；上部叶片线状披针形至线形。叶片正面绿色、无毛，背面灰白色、被厚或薄绒毛。头状花序多数，有长梗。总苞球形，总苞片5～8层；外层卵形，中层椭圆形，内层条状披针形，总苞片背面先端下具1紫红色鸡冠状突起的附片。花冠管状，紫红色，裂片5（如图3-32）。瘦果小，椭圆形。冠毛白色，2列，羽毛状。

【生物学特性】一年生或两年生草本。种子繁殖，通常9～10月出苗，花、果期翌年5～8月。

图3-32 泥胡菜植株、花序

香丝草（野塘蒿）*Erigeron bonariensis* L.

【识别要点】根纺锤状，常斜生，具纤维状根。株高30～80cm，茎直立或斜升，被疏长毛及贴生短毛，灰绿色。叶密集，基部叶花期常枯萎；下部叶倒披针形或长圆状披针形，边缘具稀疏锯齿；中部和上部叶具短柄或无柄，狭披针形或线形；中部叶具齿，上部叶全缘，两面均密被贴生糙毛（如图3-33）。头状花序多数，在茎端排列成圆锥状花序；总苞片2～3层，线状披针形，具软毛或长睫毛；外围花白色，雌性，细管状；中央花两性，管状，微黄色，顶端5齿裂。瘦果长圆形，略有毛；冠毛污白色，刚毛状。

【生物学特性】一年生或二年生草本。种子繁殖。苗期于秋、冬季或翌年春季，花果期6～10月。

图3-33　香丝草植株、花与果

小蓬草 *Erigeron canadensis* L.

【识别要点】株高50～100cm，茎直立，具粗糙毛和细条纹。叶互生，叶柄短或不明显。基生叶近匙形，上部叶线形或线状披针形，全缘或微锯齿，边缘有长睫毛。头状花序，密集成圆锥状或伞房状。花梗较短，边缘为白色的舌状花，中部为黄色的筒状花（如图3-34）。瘦果扁长圆形，具斜生毛，冠毛1层，白色刚毛状，易飞散。

【生物学特性】一年生或二年生草本。种子繁殖。10月出苗，次年6～9月开花，7月果实渐次成熟。

图3-34 小蓬草植株、花序

鳢肠（旱莲草、墨草）*Eclipta prostrata* (L.) L.

【识别要点】茎直立或匍匐，基部多分枝，下部伏卧，节着土易生根，全株被糙毛。茎、叶折断后有深色的汁液，植株干后呈黑褐色。叶对生，叶片椭圆状披针形，全缘或略有细齿，基部渐狭而无柄。头状花序有梗，总苞5～6层，绿色，被糙毛；缘花舌状白色，中央花管状，4裂，黄色。瘦果，黑褐色，顶端平截，具三棱，较狭窄（如图3-35）。

【生物学特性】一年生草本。种子繁殖，5～6月出苗，7～8月开花结果，8～11月种子渐次成熟。

图3-35　鳢肠植株、花与果实

乳苣（蒙山莴苣、紫花山莴苣）*Lactuca tatarica* (L.) C. A. Mey.

【识别要点】株高10～70cm，具长根状茎。茎直立，单生或数个丛生，具纵棱，不分枝或上部分枝。春季只具基生叶，初夏抽出花葶、开花。基生叶与茎下部叶灰绿色，稍肉质，长椭圆形、矩圆形或披针形，基部渐狭成具翅的短叶柄，柄基半抱茎，叶片具不规则的羽状或倒羽状浅裂或深裂，侧裂片三角形，边缘具细小的刺齿；茎中部叶少分裂或全缘；茎上部叶较小，披针形，无柄。圆锥状花序，上生多数头状花序；总苞片3层，紫红色，边缘狭膜质，花全为舌状，两性，紫色或淡紫色（如图3-36）。瘦果长椭圆形。

【生物学特性】多年生草本。5月初返青，花果期一般为6～9月，10月上旬种子成熟。

图3-36　乳苣植株、花

蒲公英 *Taraxacum mongolicum* Hand. Mazz.

【识别要点】根圆柱状，黑褐色，粗壮。株高10～25cm，含白色乳汁。叶根生，排列成莲座状，倒披针形或长圆状披针形，羽裂，顶端裂片较大，三角形或三角状戟形，全缘或具齿，每侧裂片3～5片，三角形或三角状披针形，通常具齿，裂片间常夹生小齿，基部渐狭成叶柄，叶柄及主脉常带红紫色，疏被蛛丝状白色柔毛或几无毛。头状花序，花梗与叶等长或稍短于叶，上部紫红色，密被蛛丝状白色长柔毛；总苞钟状，淡绿色，苞片2～3层；舌状花黄色，背面具紫红色条纹（如图3-37）。瘦果椭圆形至倒卵形，暗褐色，常稍弯曲。

【生物学特性】多年生草本。以种子及地下芽繁殖。花期4～9月，果期5～10月。

图3-37 蒲公英植株、花和种子

婆婆针 *Bidens bipinnata* L.

【识别要点】茎直立，有分枝，株高50～100cm。茎钝四棱形，无毛或上部被极稀疏的柔毛。茎下部叶较小，3裂或不分裂，通常在开花前枯萎；中部叶具1.5～5cm长无翅的柄，三出，小叶3枚，两侧小叶椭圆形或卵状椭圆形，基部近圆形或阔楔形，有时偏斜，不对称，具短柄，边缘有锯齿，顶生小叶较大，长椭圆形或卵状长圆形，先端渐尖，基部渐狭或近圆形，具长1～2cm的柄，边缘有锯齿，无毛或被极稀疏的短柔毛；上部叶小，3裂或不分裂，条状披针形（如图3-38）。瘦果线形，具棱，上部具稀疏瘤状突起及刚毛，顶端芒刺3～4枚，具倒刺毛。

【生物学特性】一年生草本。种子繁殖。4～5月出苗，8～10月开花、结果。

图3-38　婆婆针幼苗、植株和种子

鬼针草（三叶鬼针草）*Bidens pilosa* L.

【识别要点】 株高30～100cm，茎钝四棱形。茎下部叶较小，3裂或不分裂；中部叶三出，小叶3枚，少为具5小叶的羽状复叶，两侧小叶椭圆形或卵状椭圆形，顶生小叶较大，长椭圆形或卵状长圆形，先端锐尖，边缘有锯齿；上部叶小，3裂或不分裂，条状披针形（如图3-39）。头状花序，总苞基部被短柔毛，苞片7～8枚，匙形，绿色，边缘疏被短柔毛，无舌状花，盘花筒状，顶端5裂。瘦果黑色，条形，略扁，具4棱，稍有刚毛，顶端芒刺3～4枚，具倒刺毛。

【生物学特性】 一年生草本。种子繁殖。4～5月出苗，花期8～9月，果期9～11月。

图3-39 鬼针草植株和种子

羽叶鬼针草 *Bidens maximowicziana* Oett.

【识别要点】茎直立，高15～70cm，略具4棱或圆柱形。茎中部叶具柄，羽状全裂，侧生叶2～3对，疏离，线形至线头披针形，先端渐尖，边缘具内弯的粗锯齿。头状花序单生茎端及枝端。外层总苞叶状，边缘具疏齿及缘毛，内层苞片膜质，披针形。托片条形，边缘透明。舌状花缺，管状花两性，花冠管细窄，冠檐壶状，4齿裂（如图3-40）。瘦果扁平，倒卵形至楔形，具瘤状小突起，有倒刺毛，顶端芒刺2枚，有倒刺毛。

【生物学特性】一年生草本。种子繁殖。一般4月中旬至5月种子发芽出苗，8～10月为结实期。

图3-40 羽叶鬼针草植株和花

金盏银盘 *Bidens biternata* (Lour.) Merr.et Sherff

【识别要点】株高30～100cm，茎直立，呈四棱形。下部叶对生，上部叶有时互生，1～2回羽状分裂，小裂片卵形至卵状披针形，顶端长渐尖或渐尖，边缘有较整齐的锯齿，有叶柄（如图3-41）。头状花序生长在花序梗的顶端，舌状花3～5或无，管状花黄色。瘦果线形，稍有硬毛，顶部具有倒毛的硬刺3～4条。

【生物学特性】一年生草本。种子繁殖。4～5月出苗，7～8月开花、结果。

图3-41　金盏银盘植株

一年蓬 *Erigeron annuus* (L.) Pers.

【识别要点】茎直立，株高30～120cm，被硬伏毛。幼苗子叶阔卵形，无毛，具短柄。基生叶卵形或卵状披针形，基部狭窄下延成翼柄；茎生叶披针形或线状披针形，顶端尖，边缘齿裂；上部叶多为线形，全缘；叶缘有缘毛。头状花序排成伞房状或圆锥状；总苞半球形，总苞片3层；缘花舌状，雌性，2层，舌片线形，白色；盘花管状，两性，黄色（如图3-42）。瘦果披针形，扁平，有肋。

【生物学特性】一年生或二年生草本。种子繁殖。早春或秋季萌发，5～6月开花，9～10月结果。

图3-42　一年蓬植株和花序

秋鼠曲草（下白鼠曲草）

Pseudognaphalium hypoleucum (Candolle)Hilliard & B.L.Burtt

【识别要点】株高30～60cm。茎直立，叉状分枝，茎、枝被白色绵毛和密腺毛。茎下部叶花期枯萎，中、上部叶较密集，线形或线状披针形，基部抱茎，全缘，上面绿色，有纤毛，下面密被白色绵毛，上部叶渐小。头状花序多数，在茎或枝顶密集成伞房状，花序梗长，密生白色绵毛；总苞球状钟形，总苞片5层；花黄色，外围雌花丝状，中央两性花管状，裂片5（如图3-43）。瘦果长圆形，有细点，冠毛污黄色，基部分离。

【生物学特性】一年生或二年草本。种子繁殖。花果期8～12月。

图3-43　秋鼠曲草植株和花序

苣荬菜（曲荬菜）*Sonchus wightianus* DC.

【识别要点】株高30～80cm，全株有乳汁。地下根状茎匍匐，多数须根着生。茎直立，上部分枝或不分枝，绿色或带紫红色，有条棱。多数叶互生，披针形或长圆状披针形，长6～20cm，宽1～3cm，边缘有稀疏缺刻或羽状浅裂，缺刻或裂片上具尖齿，两面无毛，绿色或蓝绿色，幼时常带红色，中脉白色，宽而明显。花序梗和总苞被白色绵毛，头状花序顶生，单一或呈伞房状，直径2～4cm；总苞钟形，苞片3～4层，花全为舌状花，鲜黄色（如图3-44）。瘦果长椭圆形，有棱，侧扁，具纵肋。

【生物学特性】多年生草本。以根状茎和种子繁殖。根状茎质脆易断，每个断体都能长成新的植株，耕作或除草能促其萌发。种子7月渐次成熟发散，秋季或翌年春天萌发，第2～3年抽薹开花，花果期6～10月。

图3-44 苣荬菜植株和花

断续菊 *Sonchus asper* (L.) Hill.

【识别要点】根纺锤状或圆锥状。株高30～70cm，茎分枝或不分枝，无毛或上部有头状腺毛。叶互生，下部叶的叶柄有翅，中上部叶无柄，叶基向茎延伸呈圆耳状抱茎。叶片长椭圆形或披针形，不分裂或缺刻状半裂或羽状全裂，边缘有不等的刺状尖齿。头状花序，5～10个在茎顶密集成伞房状；花序梗无毛或有腺毛；总苞钟状，暗绿色，总苞片2～3层，内层披针状；舌状花黄色，两性花（如图3-45）。瘦果，长椭圆状倒卵形，压扁，褐色或肉色。

【生物学特性】一年生或二年生草本。种子繁殖。花期5～9月。

图3-45　断续菊植株和花序

苦荬菜 *Ixeris polycephala* Cass.

【识别要点】高10～30cm，全体无毛。茎少数或多数簇生，直立或斜升。基生叶莲座状，条状披针形、倒披针形或条形，长7～20cm，宽0.5～2cm，先端尖或钝，基部渐狭成柄，全缘或疏具小牙齿，或呈不规则分裂，灰绿色。头状花序顶生，多数排列成稀疏的伞房状，总苞圆筒状或长卵形，外层的总苞片小，内层的较长，舌状花，黄色、淡黄色（如图3-46）。瘦果红棕色，狭披针形，稍扁，冠毛白色。

【生物学特性】一年生草本。种子和根蘖繁殖，以营养繁殖为主，4月返青，5～6月开花，6～7月结实。

图3-46　苦荬菜植株和花

中华苦荬菜（苦苣菜、山苦菜）*Ixeris chinensis* (Thunb.) Nakai

【识别要点】有匍匐根。株高10～40cm，茎基部多分枝。叶大部分基生，具柄，叶片线状披针形或倒披针形，全缘或间有疏离的锯齿；茎生叶互生，向上渐小而无柄，基部略抱茎。头状花序排列成疏生伞房花序；总苞圆筒状，约有等长的苞片8枚，最外的数枚极小；花舌状，黄色（如图3-47）。瘦果略扁平，冠毛白色。

【生物学特性】多年生草本。以种子和根芽繁殖。秋季种子发芽，花果期4～10月，种子5月后渐次成熟飞散。

图3-47　中华苦荬菜植株、花序和种子

禾叶苦菜 *Ixeris graminea* (Fisxh.) Nakai

【识别要点】茎直立，株高10～30cm，常自基部分枝。基生叶多数丛生，叶片线形，长5～16cm，宽3～7mm，通常全缘，很少有稀疏微齿，先端急尖或渐尖；茎生叶几不抱茎。头状花序在枝端排列成伞房状，总苞长0.9～1.3cm，总苞片大小不等，外层极小。舌状花冠黄色（如图3-48）。瘦果纺锤状狭长披针形，长约3mm，红棕色，肋上粗糙，肋间有浅沟，有喙，冠毛白色。

【生物学特性】多年生草本。种子繁殖。花果期5～7月。

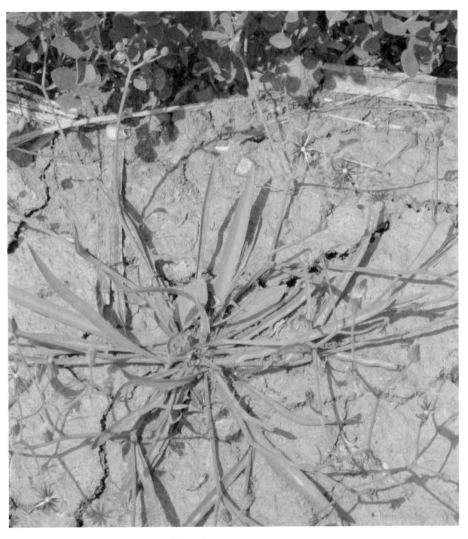

图3-48　禾叶苦菜植株和花

齿缘苦荬菜 *Ixeris dentate* (Thunb.) Nakai

图3-49 齿缘苦荬菜植株

【识别要点】茎直立，高30～60cm。基生叶倒披针形，先端锐尖，基部下延成叶柄，边缘具疏锯齿或稍呈羽状分裂；茎生叶披针形，基部略呈耳状，无叶柄（如图3-49）。头状花序多数，有细梗，排列为伞房状。总苞长5～10mm；外层总苞片小，卵形；内层总苞片5～8，线状披针形；舌状花黄色。瘦果纺锤形，冠毛浅棕色。

【生物学特性】多年生草本。以根状茎出芽及种子繁殖。花果期5～7月。

褐冠小苦荬（平滑苦荬菜）*Ixeridium laevigatum* (Bl.) Shih

图3-50 褐冠小苦荬植株

【识别要点】具多数须根的根状茎。株高8～50cm，茎单生或簇生，茎枝无毛。基生叶椭圆形、长椭圆形、倒披针形或狭线形，边缘有凹齿，齿顶有小尖头，极少全缘或羽状深裂；叶柄有狭翼，翼缘常有稀疏缘毛或小锯叶；茎生叶少数，不分裂，与基生叶同形，边缘有凹齿或尖齿，顶端尾状渐尖，基部无柄或有极短的叶柄；叶片无毛。头状花序小，多数，在茎枝顶端排成伞房花序或圆锥状花序，花序梗纤细。总苞圆柱状，总苞片2层；舌状小花10～11枚，黄色（如图3-50）。瘦果褐色，长圆锥状；冠毛褐色或麦秆黄色。

【生物学特性】多年生草本。种子繁殖。花果期3～8月。

尖裂假还阳参（抱茎苦荬菜、苦碟子）

Crepidiastrum sonchifolium (Maxim.)Pak & Kawano

【识别要点】茎直立，株高30～50cm，具纵条纹，上部多分枝。基生叶呈莲座状，长圆形，基部呈有窄翅的叶柄，边缘有锯齿或缺刻状牙齿，或为不规则的羽状分裂；茎生叶狭小，椭圆形、长卵形或卵形，羽状分裂或边缘有锯齿或缺刻状牙齿，先端急尖，基部无柄，扩大成耳状抱茎。头状花序多数，排成伞房状；总苞圆筒形，总苞片2层；舌状花黄色，顶端5齿裂（如图3-51）。瘦果黑褐色，纺锤形。

【生物学特性】一年生或二年生草本。种子繁殖。花期6～7月，果期7～8月。

图3-51　尖裂假还阳参植株和花

山莴苣 *Lactuca sibirica*（L.）Benth.ex Maxim.

【识别要点】根垂直延伸。株高50～130cm，茎直立，通常单生，常淡红紫色，茎叶光滑无毛。中下部茎叶披针形、长披针形或长椭圆状披针形，顶端渐尖、长渐尖或急尖，基部收窄，无柄，心形、心状耳形或箭头状半抱茎，边缘全缘、几全缘、小尖头状微锯齿或小尖头，极少边缘缺刻状或羽状浅裂，向上的叶渐小，与中下部茎叶同形。头状花序含舌状小花约20枚，多数在茎枝顶端排成伞房花序或伞房圆锥花序；总苞片3～4层，呈不明显的覆瓦状排列，通常淡紫红色，中外层三角形、三角状卵形，顶端急尖，内层长披针形，顶端长渐尖，全部苞片外面无毛。舌状小花蓝色或蓝紫色（如图3-52）。瘦果长椭圆形或椭圆形，褐色或橄榄色，压扁。

【生物学特性】多年生草本。种子繁殖。花果期7～9月。

图3-52 山莴苣植株

紫花苜蓿有害生物识别与诊断彩色图谱

苍耳 *Xanthium strumarium* L.

【识别要点】株高30～100cm，茎直立。叶互生，具长柄；叶片卵状三角形，顶端尖，基部浅心形至阔楔形，边缘有不规则的锯齿或常呈不明显的3浅裂，两面有贴生糙伏毛。花单性，雌雄同株；雄花序球形，黄绿色，集生于花轴顶端；雌花序头状生于叶腋，椭圆形，外生总苞片小，无花瓣。瘦果，长椭圆形或卵形，表面具钩刺和密生细毛，钩刺长（如图3-53）。

【生物学特性】一年生草本。种子繁殖。种子经休眠后于4～5月萌发，花期7～8月，果期8～10月。

图3-53　苍耳植株、果实

牛膝菊（辣子草）*Galinsoga parviflora* Cav.

【识别要点】 株高30～80cm。茎单一或下部分枝，分枝斜生，略被毛。叶对生，具柄，叶片卵圆形或披针状卵圆形至披针形，先端渐尖，基部宽楔形至圆形，上面绿色，下面淡绿，边缘有浅圆齿，基生三出脉（如图3-54）。头状花序小，顶生或腋生，有长柄，总苞片2层。外围有少数白色舌状花，盘花黄色。瘦果有角，顶端有鳞片。

【生物学特性】 一年生草本。种子繁殖。花果期7～10月。

图3-54　牛膝菊植株

钻叶紫菀 *Symphyotrichum subulatum* (Michx.)G.L.Nesom

【识别要点】茎直立，高30～180cm。茎基部略带红色，上部有分枝。叶互生，无柄；基部叶倒披针形，花期凋落；中部叶线状披针形，长6～10cm，宽0.5～1cm，先端尖或钝，全缘；上部叶渐狭线形。头状花序顶生，排成圆锥花序；总苞钟状；总苞片3～4层，外层较短，内层较长，线状钻形，无毛，背面绿色，先端略带红色；舌状花细狭、小，红色；管状花多数，短于冠毛（如图3-55）。瘦果略有毛。

【生物学特性】一年生草本，花期9～11月。种子繁殖。

图3-55　钻叶紫菀植株和花

碱菀 *Tripolium pannonicum* (Jacquin) Dobroczajeva

【识别要点】茎高30～50cm，单生或数个丛生于根颈上，下部常带红色，无毛，上部有多个开展的分枝。基部叶在花期枯萎；下部叶条状或矩圆状披针形，全缘或有具小尖头的疏锯齿；中部叶渐狭，无柄；上部叶渐小，苞叶状；全部叶无毛，肉质。头状花序排成伞房状，有长花序梗。总苞近管状，开花后钟状。总苞片2～3层，绿色，边缘常红色。舌状花1层，蓝紫色或浅红色；盘花管状（如图3-56）。瘦果扁，有边肋，被疏毛。

【生物学特性】一年生草本，花果期8～12月。以种子繁殖。

图3-56　碱菀植株和花

紫花苜蓿有害生物识别与诊断彩色图谱

茵陈蒿 *Artemisia capillaries* Thunb.

【识别要点】株高40～100cm。茎直立，木质化，表面有纵条纹，紫色，多分枝，老枝光滑，幼嫩枝被灰白色细柔毛。营养枝上的叶，叶柄长约1.5cm，叶片2～3回羽状裂或掌状裂，小裂片线形或卵形，密被白色绢毛；花枝上的叶无柄，羽状全裂，裂片呈线形或毛管状，基部抱茎，绿色，无毛。头状花序多数，密集成圆锥状；总苞球形，苞片3～4层，光滑，外层小，卵圆形，内层椭圆形，背部中央绿色，边缘膜质；花管状，淡紫色，雌花有雌蕊1枚，两性花雄蕊5枚、雌蕊1枚（如图3-57）。瘦果长圆形，无毛。

【生物学特性】多年生草本，花期9～10月，果期11～12月。

图3-57　茵陈蒿植株

野艾蒿 *Artemisia lavandulifolia* Candolle

【识别要点】根状茎细长，横走，有多数纤维状根。茎直立，高 50 ～ 120cm，具纵棱，分枝多、斜向上伸展，茎、枝被灰白色短柔毛。叶正面绿色，被短柔毛，具密集白色腺点，背面密被灰白色蛛丝状毛。下部叶有长柄，裂片常有锯齿；中部叶具叶柄，叶片羽状深裂；上部叶渐小，具短柄或近无柄，羽状全裂。头状花序筒形，有短梗或近无梗，花后多下倾，多数，在枝顶端排成圆锥状花序；总苞片3 ～ 4层，疏被蛛状柔毛，外围小花雌性4 ～ 9朵，中央花两性5 ～ 6朵，带红褐色；瘦果长卵形或倒卵形（如图3-58）。

【生物学特性】多年生草本，有时为半灌木状，花期7 ～ 9月，果期 9 ～ 10月。以根茎和种子繁殖。

图3-58　野艾蒿植株和花序

十、锦葵科

苘麻（白麻、青麻）*Abutilon theophrasti* Medicus

【识别要点】茎直立，株高1～2m，上部有分枝，具柔毛。叶互生，圆心形，先端尖，基部心形，两面密被星状绒毛，叶柄长。花单生于叶腋，花梗长1～3cm，近端处有节；花萼杯状，5裂。花黄色，花瓣5，倒卵形。蒴果，半球形，有粗毛，具喙，顶端有2长芒（如图3-59）。种子肾形，具星状毛，成熟时黑色。

【生物学特性】一年生草本。种子繁殖。4～5月出苗，花期6～8月，果期8～9月。

图3-59 苘麻植株、花和果实

野西瓜苗 *Hibiscus trionum* L.

【识别要点】 成株高 25～70cm。茎柔软，常横生或斜生，被白色星状粗毛。叶二型；下部叶片圆形，不分裂或5浅裂；上部叶片掌状3～5全裂，裂片羽状分裂，中裂片较长，两侧裂片较短，裂片倒卵形至长圆形；叶片正面疏被粗硬毛或无毛，背面疏被星状粗刺毛；叶柄细长，托叶线形。花单生于叶腋；小苞片12，线形，基部合生；花萼钟形，淡绿色，裂片5，膜质，具纵向紫色条纹，中部以上合生；花淡黄色，内面基部紫色，花瓣5，倒卵形（如图3-60）。蒴果长圆状球形；种子肾形，黑色。

【生物学特性】 一年生直立或平卧草本。花期7～10月。

图3-60　野西瓜苗植株和花

十一、夹竹桃科

罗布麻(红麻、茶叶花、红柳子) *Apocynum venetum* L.

【识别要点】直立半灌木，株高1.5～2m，具乳汁；枝条对生或互生，圆筒形，光滑无毛，紫红色或淡红色。叶对生，叶片椭圆状披针形至卵圆状长圆形，叶缘具细牙齿，两面无毛；叶柄长3～6mm；叶柄腋间具腺体。圆锥状聚伞花序一至多歧，通常顶生，花梗长约4mm，被短柔毛；苞片披针形，长约4mm；花萼5深裂，花冠圆筒状钟形，紫红色或粉红色，花冠裂片基部向右覆盖，与花冠筒几乎等长；蓇葖果箸状圆筒形，双生，下垂；种子多数，卵圆状长圆形，黄褐色(如图3-61)。

【生物学特性】多年生草本。4～5月出苗，花期6～8月，果期8～10月。由根芽及种子繁殖。

图3-61　罗布麻植株和花

十二、藜科

藜 *Chenopodium album* L.

【识别要点】株高60～120cm。茎直立，粗壮，有棱和纵条纹，上部多分枝，上升或开展。叶互生，具长柄，下部叶片菱形，长达20cm，边缘具不整齐的波状钝锯齿，下面生粉粒，灰绿色；上部叶片渐小，卵形至卵状披针形，具钝锯齿或全缘。顶生大型圆锥花序，多粉，果期通常下垂；花两性，数朵花集成团伞花簇，由花簇排列成圆锥状花序，顶生或腋生。花小，黄绿色，被裂片5，卵形至椭圆形，具纵脊和膜质边缘（如图3-62）。胞果果皮薄；种子横生，黑色，有光泽，表面具浅沟纹。

【生物学特性】一年生草本。种子繁殖。从早春到晚秋可随时萌发，一般3～4月出苗，花果期5～10月。

图3-62　藜植株

尖头叶藜 *Chenopodium acuminatum* Willd.

【识别要点】株高20～80cm。茎直立，多分枝，枝较细瘦，具条棱及绿色或红色条纹。叶片宽卵形至卵形，茎上部的叶片有时呈卵状披针形，长2～4cm，宽1～3cm，先端急尖或短渐尖，具短尖头，基部宽楔形、圆形或近截形，全缘并具半透明的环边，叶背被有白色粉粒。花序穗状或圆锥状，花序轴有白色透明的圆柱状毛束；花两性，花被片5，宽卵形，结果时增厚成五角星状（如图3-63）。胞果圆形或卵形，顶基压扁；种子横生，直径约1mm，黑色，有光泽，表面略具点纹。

【生物学特性】一年生草本。种子繁殖。春季出苗，花期6～7月，果期8～9月。

图3-63　尖头叶藜植株

小藜（灰条菜、小灰条）*Chenopodium ficifolium* Smith

【识别要点】 株高20～50cm。茎直立，有分枝，具绿色纵条纹。叶互生，有柄。叶片长圆状卵形，先端尖，基部楔形，边缘有波状齿，叶两面疏生粉粒。花序穗状或圆锥状，腋生或顶生。花两性，花被片5，宽卵形，先端钝尖，淡绿色，微有龙骨状突起（如图3-64）。胞果果皮膜质，与种子贴生。种子横生，直径约1mm，黑色，圆形，有光泽，表面有明显的蜂窝状网纹。

【生物学特性】 一年生草本。种子繁殖。早春萌发，花期4～6月，果期5～7月。

图3-64 小藜植株和花序

灰绿藜（灰灰菜）*Oxybasis glauca* (L.)S. Fuentes,Uotila & Borsch

【识别要点】株高10～35cm，茎自基部分枝，平卧或斜升，有绿色或紫红色条纹。叶互生，有短柄，叶片肥厚，长圆状卵形至披针形，长2～4cm，先端急尖或钝，基部渐狭，叶缘具波状齿，上面深绿色，中脉明显，下面灰白色或淡紫色，密被粉粒。花序排列成穗状或圆锥状；花被片3～4片，浅绿色，肥厚，基部合生（如图3-65）。胞果伸出花被外，果皮薄，黄白色。种子扁圆形，赤黑色或黑色，有光泽。

【生物学特性】一年生或二年生草本。3～4月发生，花期5～6月，6月后果实渐次成熟。种子繁殖。

图3-65　灰绿藜植株和花序

野合滨藜（野滨藜）*Halimione fera* (L.) G.L. Chu

【识别要点】高20～80cm。茎直立或外倾，四棱形或下部圆柱形，有条棱及绿色色条，通常自基部起分枝；枝斜升，上部通常弯曲，稍有粉。叶片卵状至卵状披针形，全缘，较少在中部以下具1至数对波状钝齿，两面均为灰绿色，先端钝或短渐尖，基部宽楔形至楔形；团伞花序腋生；雄花4基数，早落；雌花在每团伞花序中3～10个或更多；苞片边缘全部合生，果时两面鼓胀，坚硬，卵形或椭圆形，黄绿色，稍有粉（如图3-66）。胞果扁平，圆形；种子直立，棕色。

【生物学特性】一年生草本。种子繁殖。花果期7～9月。

图3-66　野合滨藜植株

碱蓬（灰绿碱蓬） *Suaeda glauca* (Bunge)Bunge

【识别要点】株高40～80（100）cm。茎直立，浅绿色，上部多分枝，枝细长，上升或斜伸。叶肉质，丝状线形，半圆柱状，通常长1.5～5cm，宽0.7～1.5mm，灰绿色，光滑无毛，稍向上弯曲，先端微尖，基部稍收缩。花两性或兼有雌性，单生或2～5朵簇生，多着生于叶的近基部处；两性花花被杯状，黄绿色；雌花花被近球形，灰绿色；花被裂片5，卵状，先端钝，结果时增厚，使花被略呈五角星状（如图3-67）。胞果包于花被内，果皮膜质。种子横生或斜生，双凸镜状，有颗粒状点纹，黑色。

【生物学特性】一年生草本。春季至夏季萌发，花期7～8月，果期9月。种子繁殖。

图3-67　碱蓬植株

地肤（扫帚苗、扫帚菜）*Bassia scoparia* (L.) A.J. Scott

【识别要点】株高50～100cm。根略呈纺锤形。茎直立，有多数条棱，稍有短柔毛或下部几无毛；上部多分枝，枝斜升，淡绿色或带紫红色，晚秋为红色。叶近于无柄，叶片披针形至线状披针形，全缘，先端短渐尖，基部渐狭。花两性或雌性，无梗，疏穗状圆锥状花序，生于枝条上部的叶腋中。花被片基部合生，黄绿色，果期自背部生出三角状横突起或翅（如图3-68）。胞果扁球形，果皮膜质，与种子离生。种子卵形，黑褐色。

【生物学特性】一年生草本。种子繁殖。花期6～9月，果期7～10月。

图3-68 地肤植株和花序

猪毛菜（猪毛英、沙蓬）*Kali collinum* (Pall.) Akhani & Roalson

【识别要点】株高20～100cm。茎自基部分枝，枝开展，茎、枝绿色，有紫红色条纹，生短硬毛或近于无毛。叶互生，无柄，叶片丝状圆柱形，肉质，深绿色，伸展或微弯曲，长2～5cm，宽0.5～1.5mm，生短硬毛，顶端有刺状尖，基部边缘膜质。花序穗状，细长，生于枝条上部；苞片宽卵形，贴向穗轴，膜质，先端具硬刺尖。小苞片2，狭披针形，先端具尖刺；花被片5，披针形，膜质（如图3-69）。胞果倒卵形，果皮膜质。种子横生或斜生。

【生物学特性】一年生草本。种子繁殖，通常种子成熟后，整个植株于根茎处断裂，植株随风吹动，散布种子。花期7～9月，果期9～10月。

图3-69　猪毛菜植株

十三、蓼科

萹蓄（地蓼、猪芽菜）*Polygonum aviculare* L.

【识别要点】植株高10～40cm，常被白粉。茎自基部分枝，平卧、斜升或近直立。叶互生，具短柄。叶片狭椭圆形或线状披针形，先端钝或急尖，基部楔形，全缘，无毛，侧脉明显，叶基具关节。托叶鞘抱茎，下部叶的托叶鞘较宽，先端急尖，褐色，脉纹明显，上部叶的托叶鞘膜质，透明，灰白色。花1～5朵簇生于叶腋，露出托叶鞘之外；花梗短，基部有关节；花被5裂，裂片椭圆形，暗绿色，边缘白色或淡红色（如图3-70）。瘦果卵状三棱形，褐色或黑色，有不明显小点。

【生物学特性】一年生草本。种子繁殖。3～4月出苗，5～9月开花结果，6月以后果实渐次成熟。种子落地，经越冬休眠后萌发。

图3-70　萹蓄植株和花

紫花苜蓿有害生物识别与诊断彩色图谱

两栖蓼（旱型两栖蓼、毛叶两栖蓼）

Persicaria amphibia (L.)S.F.Gray

【识别要点】植株高20～60cm，常被白粉。茎自基部分枝，平卧、斜升或近直立。叶互生，具短柄；叶片宽披针形，密生短硬毛，长6～14cm，宽1.5～2cm，顶端急尖，基部近圆形；托叶鞘筒状，顶端截形。花序穗状，顶生或腋生；苞片三角形；花淡红色或白色，花被5深裂，裂片椭圆形，暗绿色，边缘白色或淡红色（如图3-71）。瘦果近圆形，两面凸出，黑色，有光泽。

【生物学特性】多年生草本。种子繁殖和营养繁殖。花期7～8月，果期8～9月。

图3-71 两栖蓼植株

绵毛酸模叶蓼 *Persicaria lapathifolia* var. *salicifolia* (Sibth.) Miyabe

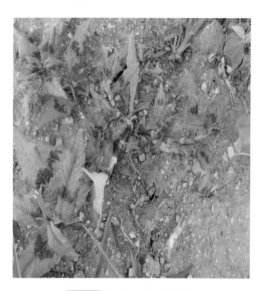

图3-72　绵毛酸模叶蓼植株

【识别要点】茎直立，高50～100cm，具分枝。叶互生有柄；叶片披针形至宽披针形，全缘，叶面绿色，具黑褐色斑，叶背密被白色绵毛层，绵毛脱落后常具棕黄色小点；托叶鞘筒状，膜质，脉纹明显。花较小，密生呈穗状，花浅红色或浅绿色。瘦果卵形，红褐色至黑褐色，有光泽，包于宿存的花被内。本种叶背具白色绒毛层，区别于酸模叶蓼（如图3-72）。

【生物学特性】一年生草本。种子繁殖。每年4～5月出苗，花果期7～9月。

羊蹄 *Rumex japonicus* Houtt.

图3-73　羊蹄植株

【识别要点】株高35～120cm。茎直立，粗壮，常不分枝。基生叶片椭圆形，长10～25cm，先端稍钝或短尖，基部圆形或心形，边缘有波状皱褶，茎生叶较小，有短柄，基部楔形，无毛。托叶鞘筒状，膜质。花序狭长，圆锥状，顶生；花两性，淡绿色；花被片6，2轮（如图3-73）。瘦果宽卵形，3棱，黑褐色，有光泽。

【生物学特性】多年生草本。种子繁殖。花期5～6月，果期6～7月。

皱叶酸模 *Rumex crispus* L.

【识别要点】株高可达100cm。根粗壮,茎直立。根生叶有长柄,叶片披针形或长圆状披针形,两面无毛,先端渐尖,基部楔形,边缘有波状皱褶;茎上部叶片较小,有短柄;托叶鞘膜质,管状。花序由数个腋生的总状花序组成圆锥状,顶生狭长,花两性,花被片6,排成2轮,外轮花被片椭圆形,内轮花被片结果时增大,卵圆形;瘦果卵状三棱形,褐色,有光泽(如图3-74)。

【生物学特性】一年生或多年生草本。种子繁殖。6~7月开花,7~9月结果。

图3-74 皱叶酸模植株

齿果酸模 *Rumex dentatus* L.

【识别要点】高可达1m。茎直立，多分枝，斜升；枝纤细，具沟纹，无毛。基生叶有长柄，叶长圆形，先端钝或急尖，基部圆形或心形，边缘波状或微皱波状，两面均无毛；茎生叶渐小，具短柄，基部多为圆形；托叶鞘膜质，筒状。花轮生于茎上部和枝的叶腋内，再组成顶生带叶的圆锥状花序，花两性，黄绿色，常下弯，基部具关节；花被6片，2轮（如图3-75）。瘦果卵状三棱形，具尖锐角棱，褐色，平滑。

【生物学特性】一年生或多年生草本。种子繁殖。花期4～5月，果期6～7月。

图3-75　齿果酸模花序

十四、萝藦科

萝藦（赖瓜瓢）*Cynanchum rostellatum* (Turcz.)Liede & Khanum

【识别要点】成株全体含乳汁。茎缠绕，长可达2m以上。叶对生，卵状心形，长5～12cm，宽4～7cm，无毛，叶背面粉绿或灰绿色；叶柄长，顶端丛生腺体。总状聚伞花序腋生，具长总花梗，花蕾圆锥状；萼片5裂，被柔毛；花冠白色，近辐状，裂片向左覆盖，内面被柔毛；副花冠环状5短裂，生于合蕊冠上。蓇葖果角状，叉生，平滑；种子褐色，顶端具白色种毛（如图3-76）。

【生物学特性】多年生草质藤本。地下有横走根状茎，黄白色。由根芽和种子繁殖。花期7～8月，果期9～12月，种子成熟后随风传播。

图3-76　萝藦植株、花序与果实

鹅绒藤（祖子花）*Cynanchum chinense* R.Br.

图3-77　鹅绒藤植株、花序与果实

【识别要点】茎缠绕，全株被短柔毛。叶对生，薄纸质，三角状卵形，顶端锐尖，基部心形，叶面深绿色，叶背灰绿色，两面均被短柔毛，脉上较密。伞形二歧聚伞花序腋生，花多数；花萼外面被柔毛；花冠白色，裂片长圆状披针形；副花冠二形，杯状，上端裂成10个丝状体，分为两轮，外轮约与花冠裂片等长，内轮略短；花柱头略为突起，顶端2裂。蓇葖果双生或仅有1个发育，细圆柱状；种子长圆形；种毛白色绢质（如图3-77）。

【生物学特性】多年生草质藤本。由根芽和种子繁殖。根芽于春季萌发，种子多在秋季出土。花期6～8月，果期8～10月。

十五、马齿苋科

马齿苋 *Portulaca oleracea* L.

图3-78　马齿苋幼苗、花

【识别要点】肉质，茎匍匐状，带紫红色。幼苗子叶椭圆形或卵形，先端钝圆，无明显叶脉，肥厚，红色，具短柄。叶楔状，长圆形或倒卵形，互生或近对生。花小，无梗，3～5朵生枝顶端；花萼2片；花瓣5片，黄色，先端凹，倒卵形（如图3-78）。蒴果，卵形至长圆形，盖裂。种子多数，细小，肾状卵形，压扁，黑色，表面具细小疣状突起。

【生物学特性】一年生肉质草本。种子繁殖。春、夏季出苗，花期5～8月，果期6～9月，果实种子量极大。

十六、牻牛儿苗科

野老鹳草 *Geranium carolinianum* L.

【识别要点】株高20～60cm，茎直立或斜升，具棱角，密被倒向短柔毛；下部叶片互生、上部叶片对生，叶片掌状5～7裂近基部，每裂又3～5裂，表面被短伏毛；花序腋生和顶生，长于叶，被倒生短柔毛和开展的长腺毛，每总花梗具2花，顶生总花梗常数个集生，花序呈伞形；花瓣淡紫红色，倒卵形，稍长于萼片。蒴果长约2cm，被短糙毛，成熟时开裂，果瓣由喙上部先裂向下卷曲（如图3-79）。

【生物学特性】一年生草本。种子繁殖，花期4～7月，果期5～9月。

图3-79　野老鹳草植株、花及果实

十七、茄科

龙葵（野茄秧、老鸦眼子）*Solanum nigrum* L.

【识别要点】株高30～100cm，茎直立，多分枝，绿色或紫色，无毛或被微柔毛。叶卵形，具叶柄，叶先端短尖，基部楔形至阔楔形，全缘或具不规则的波状粗齿，光滑或两面均被稀疏短柔毛。花序短蝎尾状或近伞状，侧生或腋外生，有花4～10朵，花细小，柄长下垂。花萼杯状，绿色，5浅裂；花冠白色，5深裂，裂片卵圆形。浆果球形，成熟时黑色（如图3-80）。种子多数，近卵形，两侧压扁，淡黄色。

【生物学特性】一年生草本。4～6月出苗，7～9月现蕾、开花、结果。种子繁殖。当年种子一般不萌发，经越冬休眠后才能萌发。

图3-80 龙葵植株、花与果实

紫花苜蓿有害生物识别与诊断彩色图谱

短毛酸浆（假酸浆、洋姑娘、地樱桃）*Physalis pubescens* L.

【识别要点】株高30～60cm。茎生柔毛，常多分枝，分枝毛较密。叶阔卵形，顶端急尖，基部歪斜心形，边缘通常有不等大的尖牙齿，两面疏生毛，叶脉上毛较密，叶柄密生短柔毛。花单生叶腋，花梗密生短柔毛。花萼钟状，裂片披针形，急尖；花冠钟状，淡黄色，5浅裂，裂片基部有紫色斑纹（如图3-81）。果萼卵状，具5棱角和10纵肋，顶端萼齿闭合，基部稍凹陷；浆果球状，直径约1.2cm，黄色或有时带紫色。种子近圆形，扁平，黄色。

【生物学特性】一年生草本。种子繁殖。花果期6～10月。

图3-81　短毛酸浆植株、花

苦蘵（灯笼草）*Physalis angulata* L.

图3-82　苦蘵植株、花与果实

【识别要点】株高30～50cm，多分枝。叶片卵形至卵状椭圆形，顶端渐尖或急尖，基部阔楔形或楔形，全缘或有不等大的牙齿。花较小，花萼5裂，裂片披针形，生缘毛；花冠淡黄色，喉部常有紫色斑纹。浆果球形，外包以膨大的草绿色宿存花萼（如图3-82）。

【生物学特性】一年生草本。种子繁殖。4～7月出苗，花果期6～10月。

十八、蔷薇科

朝天委陵菜 *Potentilla supina* L.

【识别要点】株高10～50cm，茎自基部分枝，平铺或倾斜伸展，疏生柔毛。子叶近圆形，基部心形，先端微凹，叶柄紫红色。羽状复叶，基生叶有小叶7～13枚，小叶倒卵形或长圆形，先端近圆，基部宽楔形，边缘有缺刻状锯齿，上面无毛，下面微生柔毛或近无毛，具长柄。茎生叶与基生叶相似，叶柄较短或近无叶柄。托叶草质，阔卵形，三浅裂。花单生于叶腋，有花梗，被柔毛；花瓣5片，黄色（如图3-83）。瘦果卵形，黄褐色，有纵皱纹。

【生物学特性】一年生或二年生草本。种子繁殖。3～4月返青，5月始花，花期较短，花、果期5～9月。

图3-83　朝天委陵菜植株、花

十九、茜草科

拉拉藤（猪殃殃）*Galium spurium* L.

【识别要点】多枝、蔓生或攀缘状草本。茎有四棱，茎、叶均有倒生的小细刺。叶6～8片轮生，线状倒披针形或长圆状倒披针形，顶端有针状凸尖头。聚伞花序腋生或顶生，有3～10朵花；花小，花萼细小，花冠黄绿色或白色，裂片长圆形，镊合状排列（如图3-84）。果坚硬，圆形，两个联生在一起。

【生物学特性】一年生或二年生蔓状或攀缘状草本。种子繁殖。冬前9～10月出苗，也可早春出苗；4～5月现蕾开花，果期5个月。

图3-84 拉拉藤植株、花

二十、桑科

葎草（拉拉秧）*Humulus scandens*（Lour.）Merr.

【识别要点】茎蔓生，粗糙，茎和叶柄密生倒钩刺。叶对生，叶片掌状5～7裂，裂片卵状椭圆形，叶缘具粗锯齿，两面均有粗糙刺毛，下面有黄色小腺点。花单性，雌雄异株；雄花呈圆锥状的总状花序，花被5裂，雄蕊5枚，直立；雌花少数，常2朵聚生，由大型宿存的苞片被覆（如图3-85）。瘦果扁球形，淡黄色或褐红色。

【生物学特性】一年生或多年生缠绕草本。种子繁殖。花期7～8月，果期9～10月。

图3-85　葎草植株、雌雄花序

二十一、商陆科

垂序商陆（美国商陆）*Phytolacca Americana* L.

【识别要点】高1～2m。根肥大，倒圆锥形。茎直立或披散，圆柱形，常为紫红色。叶长椭圆形或卵状椭圆形，长15～30cm，先端短尖，基部楔形。总状花序直立，顶生或侧生，长约5～20cm，下垂；花白色，直径6mm；花被片通常5。果穗下垂；浆果扁球形，成熟时红紫色；种子肾形，黑褐色（如图3-86）。

【生物学特性】多年生草本。以根茎和种子繁殖。春季萌发，花期6～8月，果期8～10月。果实落地后地上部分死亡。

图3-86　垂序商陆植株、花序与果实

二十二、石竹科

小繁缕 *Stellaria pusilla* Em. Schmid

【识别要点】茎下部平卧，多分枝，全株鲜绿色。叶片披针形或狭卵形，基部下延至柄，下部叶片具柄，中上部叶片无柄或由叶基下延渐狭成柄。苞片卵圆状披针形，急尖，具宽而白色的边缘；二歧聚伞花序1～3花，萼片5，披针形，花瓣2裂，与萼片等长（如图3-87）。蒴果长卵形。

【生物学特性】二年生草本。种子繁殖。苗期10～11月，花期3～4月，果期4～5月。

图3-87　小繁缕植株与花

鹅肠菜（牛繁缕）*Stellaria aquatica* (L.)Scop.

【识别要点】茎多分枝，柔弱，常伏生地面，光滑，带紫色。叶对生，卵形或宽卵形，先端渐尖，基部心形，全缘或波状，上部叶无柄，基部略包茎，下部叶有柄。聚伞花序顶生，花梗细长，萼片5，基部略合生，花瓣5，白色，顶端2深裂达基部（如图3-88）。蒴果卵形或长圆形；种子近圆形，深褐色。

【生物学特性】一至二年生或多年生草本植物。种子和匍匐茎繁殖。冬前或春季出苗，花期4～5月，果期5～6月。

图3-88　鹅肠菜植株与花

二十三、伞形科

蛇床 *Cnidium monnieri* (L.) Cuss.

【识别要点】株高30～80cm，茎直立，上部多分枝，具纵棱，被微短硬毛。基生叶有叶柄，叶在花期枯萎；茎生叶通常无柄，具白色膜质边缘的长叶鞘；叶片三角形或三角状卵形，二至三回三出式羽状分裂；一回羽片三角状卵形，有柄，远离；二回羽片具短柄或近无柄；最终裂片条形或条状披针形，先端锐尖，两面沿脉及边缘被微短硬毛。复伞形花序顶生和腋生，总花梗长2～9cm；总苞片8～10，线形，小花梗多数；小伞形花序具10～20朵花，小总苞片10～14，条状锥形，长于花梗；花白色（如图3-89）。双悬果宽椭圆形，背部略扁平。

【生物学特性】一年生或二年生草本。秋季或春季出苗，花期6～7月，果期7～8月。种子繁殖。

野胡萝卜 *Daucus carota* L.

【识别要点】茎直立，单一或分枝，有粗硬毛。基生叶丛生，茎生叶互生；叶片二至三回羽状全裂，末回裂片线形或披针形。复伞形花序顶生，花序梗长10～55cm；总苞有多数苞片，叶状，羽状分裂，裂片线形；伞辐多数，小总苞片5～7，线形，不分裂或2～3裂；花白色，有时带淡红色；双悬果长卵形，棱上有白色刺毛（如图3-90）。

【生物学特性】二年生草本。种子繁殖。秋季或早春出苗，花期5～9月。

二十四、十字花科

小花糖芥（野菜子）*Erysimum cheiranthoides* L.

【识别要点】株高15～50cm。基生叶莲座状，无柄，平铺地面，大头羽裂；茎生叶披针形或线形，顶端急尖，基部楔形，边缘具深波状疏齿或近全缘，两面具3叉毛。总状花序顶生，萼片长圆形或线形，外面有3叉毛；花瓣浅黄色，长圆形，

图3-91　小花糖芥植株与花序

顶端圆形或截形，下部具爪（如图3-91）。长角果圆柱形，侧扁，稍有棱，具3叉毛；种子卵形，淡褐色。

【生物学特性】一年生或二年生草本。种子繁殖，种子休眠后萌发。10月出苗，翌年春季发生较少，花期4～5月，果期5～8月。

独行菜 *Lepidium apetalum* Willd.

【识别要点】高10～30cm；茎多分枝，直立或斜升，具黄色腺毛。叶互生，无柄；基生叶窄匙形或长椭圆形，全缘或上端具疏齿；茎上部叶线形，有疏齿或全缘。总状花序顶生，在果期伸长，花小，数多；萼片4，花瓣4，白色，退化成狭匙

图3-92　独行菜植株与花序

状或丝状（如图3-92）。短角果近圆形，种子椭圆形，棕红色。

【生物学特性】一年生或二年生草本。种子繁殖。以幼苗或种子越冬，春季也有少量出苗，4～5月开花，5～6月果实逐渐成熟开裂。

密花独行菜 *Lepidium densiflorum* Schrad.

【识别要点】成株茎直立，株高10～40cm，通常于上部分枝，具疏生柱状短柔毛。叶下面均有柱状短柔毛，上面无毛。基生叶具长柄，叶片长圆形或椭圆形，先端急尖，基部楔形，边缘具不规则深锯齿状缺刻，稀疏羽状分裂；中下部茎生叶长圆状披针形或披针形，有短柄，边缘具锐锯齿；茎上部叶片线形，近无柄，具疏锯齿或近全缘。总状花序，花多数，密生，果期伸长；花瓣无或退化成丝状，仅为萼片长度的1/2（如图3-93）。短角果圆状倒卵形或广倒卵形，顶端圆钝，微缺，有翅，无毛；种子卵形，黄褐色。

【生物学特性】一年生或二年生草本。种子繁殖。通常种子于夏季发芽，形成莲座状幼苗越冬。花期5～6月，果期6～7月。

图3-93　密花独行菜植株与花序

风花菜 *Rorippa globosa* (Turcz.) Hayek

【识别要点】株高20～80cm，植株光滑无毛或稀有毛。茎直立，上部有分枝，下部常带紫色，具棱。基生叶具柄，叶片长圆形至狭长圆形，羽状深裂或大头羽裂，裂片3～7对，边缘不规则浅裂或呈深波状；茎生叶近无柄，基部耳状抱茎，叶片羽状深裂或具齿。总状花序多数，顶生或腋生，呈圆锥花序式排列，果期伸长。花小，黄色，具细梗；萼片4，开展；花瓣4，倒卵形（如图3-94）。角果近球形，种子多数，淡褐色，极细小，扁卵形。

【生物学特性】二年生草本。种子繁殖。通常种子于夏季发芽，形成莲座状幼苗越冬。花期5～6月，果期6～7月。

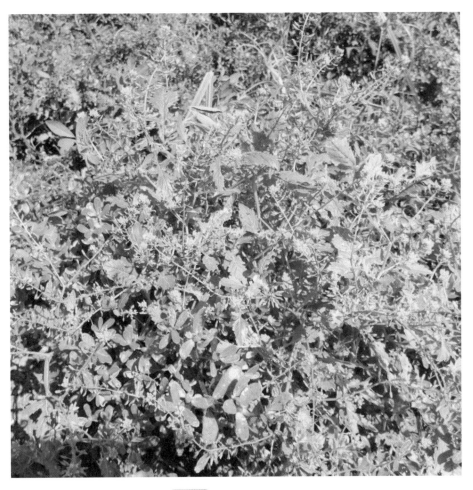

图3-94　风花菜植株与花序

荠（荠菜）*Capsella bursa pastoris* (L.) Medic.

【识别要点】高30～50cm。茎直立，单一或基部分枝。基生叶莲座状，大头羽状分裂；茎生叶狭披针形或披针形，基部呈耳状抱茎，边缘有缺刻或锯齿，或近于全缘。花白色、十字花冠，总状花序顶生或腋生；短角果呈倒三角形，无毛，扁平；种子约20～25粒，成2行排列，细小，倒卵形（如图3-95）。

【生物学特性】一年生或二年生草本，种子繁殖，以种子或幼苗越冬。10月或早春出苗，花期3～4月，5月果实成熟。

图3-95　荠植株与花序

紫花苜蓿有害生物识别与诊断彩色图谱

芝麻菜 *Eruca vesicaria* subsp. *sativa* (Miller) Thellung

【识别要点】株高20～90cm；茎直立，上部常分枝，疏生硬长毛或近无毛。基生叶及下部叶大头羽状分裂或不裂，顶裂片近圆形或短卵形，有细齿，侧裂片卵形或三角状卵形，全缘，叶柄长2～4cm；上部叶无柄，具1～3对裂片，顶裂片卵形，侧裂片长圆形。总状花序有多数疏生花；花梗具长柔毛；萼片长圆形，棕紫色；花瓣黄色，后变白色，有紫纹，短倒卵形，基部有窄线形长爪（如图3-96）。长角果圆柱形，果瓣无毛，种子近球形或卵形，棕色，有棱角。

【生物学特性】一年生草本。种子繁殖。花期5～6月，果期7～8月。

图3-96　芝麻菜植株与花序

播娘蒿（麦蒿）*Descurainia sophia* (L.) Webb ex Prantl

【识别要点】 高30～100cm。茎直立，上部多分枝，具纵棱槽，密被分枝状短柔毛。叶互生，下部叶有叶柄，上部叶无叶柄，2～3回羽状全裂或深裂。总状花序顶生，具多数花；花瓣4，黄色；长角果狭条形，种子1行，黄棕色，矩圆形（如图3-97）。

【生物学特性】 一年生或二年生草本。10月中下旬为出苗高峰期，4～5月种子渐次成熟落地。种子繁殖。

图3-97　播娘蒿植株、花序与角果

盐芥 *Eutrema salsugineum* (Pall.) Al-Shehbaz & Warwick

图3-98　盐芥植株、花序

【识别要点】 高10～45cm。茎于基部或近中部分枝，光滑，基部常淡紫色；基生叶近莲座状，早枯，具柄，叶片卵形或长圆形，全缘；茎生叶无柄，叶片长圆状卵形，基部箭形抱茎，顶端急尖，全缘或具不明显小齿。花序花时伞房状，果时伸长成总状；花小、白色；长角果线状，略弯曲，于果梗端内翘，使角果向上直立（如图3-98）。种子黄色，椭圆形。

【生物学特性】 一年生草本，种子繁殖。花期4～5月。

弯曲碎米荠 *Cardamine flexuosa* With.

【识别要点】茎直立，从基部多分枝，上部稍呈"之"字形弯曲，下部通常被白色柔毛。叶为奇数羽状复叶；基生叶具柄，茎生叶具短柄，茎上部的顶生小叶稍大，卵形，侧生小叶卵形或线形，小叶1～3圆裂，有缘毛。总状花序生于枝端；有花10～20朵，萼片4，长椭圆形，绿色，花瓣4，白色。长角果线形而稍扁，无毛（如图3-99）。种子椭圆形，棕色。

【生物学特性】一年生或二年生草本，种子繁殖。花期2～4月，果期3～5月。

图3-99　弯曲碎米荠植株、花序与角果

二十五、梧桐科

马松子（野路葵）*Melochia corchorifolia* L.

【识别要点】株高20～100cm。茎黄褐色，散生星状短柔毛。叶卵形、狭卵形或三角状披针形，基部圆形或心形，顶端急尖或钝，边缘有锯齿，下面沿脉疏被短柔毛；托叶条形。头状花序顶生或腋生，苞片条形，混生在花序内；花萼钟状，外面被毛，5浅裂；花瓣5片，白色或淡紫色（如图3-100）。蒴果圆球形，有5棱，被长柔毛；种子卵圆形。

【生物学特性】一年生直立草本。种子繁殖。苗期6～7月，花期8～9月，果期10～11月。

图3-100　马松子植株

二十六、苋科

腋花苋

Amaranthus graecizans subsp. *thellungianus* (Nevski ex Vassilcz.) Gusev

【识别要点】成株高30～50cm。茎直立，多分枝，淡绿色，有条纹，全体无毛。叶片菱状卵形或倒卵形，顶端微凹，具凸尖，基部楔形，叶全缘或略呈波浪状；叶柄纤细。花腋生，短花簇，花数少且疏生；苞片及小苞片钻形，顶端具芒尖；花被3，披针形，顶端渐尖，具芒尖（如图3-101）。胞果卵形，环状横裂，与宿存花被略等长。种子近球形，黑棕色，边缘加厚。

【生物学特性】一年生草本。种子繁殖。花期7～8月，果期8～9月。

图3-101　腋花苋植株与花序

绿穗苋 *Amaranthus hybridus* L.

【识别要点】株高20～50cm。茎直立，常由基部分散发出3～5个分枝。叶卵形至椭圆状卵形，先端急尖或微凹，边缘波状或有不明显锯齿，微粗糙。圆锥状花序顶生或腋生，由多数穗状花序组成，中间花穗最长，苞片及小苞片钻状披针形，中脉坚硬，绿色，向前伸出成尖芒（如图3-102）。胞果扁圆形，种子近球形。

【生物学特性】一年生草本。种子繁殖。3～4月出苗，6～8月开花，7月果实逐渐成熟。

图3-102 绿穗苋植株与花序

反枝苋（人苋菜、野苋菜）*Amaranthus retroflexus* L.

【识别要点】株高20～80cm，全株有短柔毛。茎直立，单一或分枝，幼茎近四棱形，老茎有明显的棱状突起。叶菱状卵形或椭圆状卵形，顶端锐尖或微凹，基部楔形，全缘或波状缘。圆锥状花序较粗壮，顶生或腋生，由多数穗状花序组成；苞片干膜质，白色透明；花被片5，白色，长圆形或长圆状倒卵形（如图3-103）。胞果扁卵形至扁圆形；种子倒卵圆形，黑色，有光泽。

【生物学特性】一年生草本。种子繁殖。4～5月出苗，7～8月开花，8～9月结果；种子边熟边脱落，借风力传播。

图3-103　反枝苋植株与花序

凹头苋 *Amaranthus blitum* Linnaeus

图3-104 凹头苋植株与花序

【识别要点】高10～30cm，全体无毛；茎伏卧而上升，从基部分枝，淡绿色或紫红色。叶片卵形或菱状卵形，顶端凹缺，基部宽楔形，全缘或稍呈波状；叶柄长1～3.5cm。花簇生于叶腋，生在茎端和枝端者集成直立穗状花序或圆锥花序（如图3-104）。胞果扁卵形。

【生物学特性】一年生草本，种子繁殖。苗期5～6月，花期7～8月，果期8～9月。

皱果苋 *Amaranthus viridis* L.

图3-105 皱果苋植株与花序

【识别要点】株高40～80cm。茎直立，有分枝，绿色或带紫色。具叶柄，叶片卵形或卵状椭圆形，先端凹缺，基部近楔形，全缘或微呈波状。花小，排列成穗状花序腋生，或呈圆锥状花序顶生。苞片和小苞片披针状长圆形，干膜质。花被片3，长圆形或倒披针形，绿色或红色（如图3-105）。胞果扁球形，表面极皱缩。种子倒卵形或圆形，黑色有光泽。

【生物学特性】一年生草本。苗期4～5月，花期6～7月，果期9～10月。种子繁殖。

紫花苜蓿有害生物识别与诊断彩色图谱

刺苋 *Amaranthus spinosus* L.

【识别要点】株高 30～100cm。茎直立，圆柱形或钝棱形，多分枝，有纵条纹。叶片菱状卵形或卵状披针形，顶端圆钝，具微凸头，基部楔形，全缘；叶柄1～8cm，两侧有2刺，刺长5～10mm。花单性或杂性；雌花簇生于叶腋，雄花集成顶生的圆锥花序；苞片在腋生花及顶生花穗的基部者变成尖锐直刺，花被片绿色，顶端急尖，具凸尖（如图3-106）。胞果长圆形。

【生物学特性】一年生草本。种子繁殖。苗期4～5月，花期7～8月，果期9～10月。

图3-106　刺苋植株与花序

青葙（野鸡冠花）*Celosia argentea* L.

【识别要点】株高50～100cm。茎直立，有分枝，绿色或红色，具有明显条纹。叶互生，叶片披针形或椭圆状披针形或披针状条形，先端急尖或渐尖，基部渐狭延成界限不清的叶柄，全缘。穗状花序，顶生，圆柱形；花多数，密生，初开时淡红色，后变白色（如图3-107）。胞果卵形或近球形。种子倒卵形至肾状圆形，略扁，黑色有光泽。

【生物学特性】一年生草本。种子繁殖。苗期5～7月，花期7～8月，果期8～10月。通常在碰触植株时，胞果开裂，种子散落于土壤中。

图3-107　青葙植株与花序

二十七、旋花科

田旋花 *Convolvulus arvensis* L.

【识别要点】茎平卧或缠绕，有棱。叶互生，有柄；基部戟形或箭形，全缘或3裂，先端近圆或微尖，有小突尖头；中裂片卵状椭圆形、狭三角形、披针状椭圆形或线形；侧裂片开展或呈耳形。花1～3朵腋生，具长细梗，苞片线形，与萼远离；萼片倒卵状圆形，无毛或被疏毛；花冠漏斗形，粉红色、白色，

有不明显的5浅裂（如图3-108）。蒴果球形或圆锥状，种子椭圆形。

【生物学特性】多年生缠绕草本。地下茎及种子繁殖。秋季近地面处的根茎产生越冬芽，翌年出苗。花期5～8月，果期6～9月。

打碗花（小旋花）*Calystegia hederacea* Wall.

【识别要点】具白色的根茎，茎蔓生缠绕或匍匐分枝。叶互生，具长柄；基部叶全缘，近椭圆形，先端钝圆，基部心形；茎中、上部叶三角状戟形，中裂片披针形或卵状三角形，顶端钝尖，基部心形，侧裂片戟形、开展，通常二裂。花单生于叶腋，花梗具角棱，萼片5，花冠漏斗状，淡紫色或淡红色（如图3-109）。蒴果卵球形。

【生物学特性】多年生缠绕草本。地下茎芽和种子繁殖。田间以无性繁殖为主，地下茎质脆易断，每个带节的断体都能长出新的植株。4～5月出苗，花期7～9月，果期8～10月。

第三章　苜蓿田杂草的识别与诊断发生

欧旋花（毛打碗花）*Calystegia sepium* subsp. *spectabilis* Brummitt

图3-110　欧旋花植株与花

【识别要点】茎缠绕或匍匐，被短柔毛，地下有细长根茎。叶互生，叶片长圆形或披针形，长5～7cm，宽0.5～1.5cm，基部戟形、圆形或稍呈心形，先端急尖至渐尖，基部裂片不明显伸长，圆钝或2裂，有时裂片3裂，中裂片长圆形，侧裂片平展、三角形，下侧有1小裂片，叶柄较短。花腋生，单一，花梗长于叶片。花冠漏斗状，淡红色（如图3-110）。蒴果球形，无毛。种子近圆形，黑褐色或褐色。

【生物学特性】多年生草本。根茎和种子繁殖。于秋季在根茎上产生越冬芽，种子经冬季低温后才能发芽。花期6～8月，果期8～9月。

圆叶牵牛（牵牛花）*Ipomoea purpurea* Lam.

图3-111　圆叶牵牛果实、植株与花

【识别要点】茎缠绕，多分枝，被短柔毛和长硬毛。子叶方形，先端深凹；叶互生，心形，先端尖或钝，基部心形，全缘。花序具1～5朵花，总花梗与叶柄近等长，萼片5，花冠漏斗状，花有白、桃红、堇紫、紫等色（如图3-111）。蒴果近球形。

【生物学特性】一年生缠绕草本。种子繁殖。花期6～9月，果期9～10月。

牵牛（裂叶牵牛、大牵牛花）*Ipomoea nil* (Linnaeus) Roth

【识别要点】茎缠绕，多分枝。子叶方形，先端深凹缺刻；叶互生，具柄，叶片宽卵形，常3裂，裂口宽而圆，不向内凹陷。花序有1～5朵花，总花梗略短于叶柄；萼片5，花冠漏斗状，白色、蓝紫色或紫红色等（如图3-112）。蒴果近球形。

图3-112 牵牛幼苗、植株与花

【生物学特性】一年生缠绕草本，种子繁殖。4～5月萌发，花期6～9月，果期9～10月。

茑萝（羽叶茑萝）*Ipomoea quamoclit* L.

【识别要点】茎细弱，光滑，长可达3～4m。单叶互生，羽状细裂，裂片线形，托叶2，与叶片同形。聚伞花序腋生，有花2～5朵，花序梗通常长于叶；萼片长圆形，先端钝或稍突尖；花冠长约3cm，红色；雄蕊白色，伸出冠筒外（如图3-113）。蒴果卵圆形，种子黑色，有棕色细毛。

图3-113 茑萝植株与花

【生物学特性】一年生缠绕草本。种子繁殖。花期7～10月，果熟期9～11月。

菟丝子（大豆菟丝子）*Cuscuta chinensis* Lam.

【识别要点】茎缠绕，黄色或淡黄色，细弱多分枝，丝状且光滑。无叶，植株以吸器附在苜蓿上生存。花多数簇生成团，具有极短的柄，花萼杯状5裂，大约与花冠等长，裂片三角形，花冠白色或略带黄色，钟状5裂（如图3-114）。蒴果近球形，稍扁，种子形状变化较大，褐色。

【生物学特性】一年生寄生性草本植物。以种子繁殖为主，断茎后再生能力强，能进行营养繁殖。花果期6～9月。

图3-114 菟丝子植株、吸盘与花序

1—吸盘；2—花序

二十八、玄参科

婆婆纳 *Veronica polita* Fries

【识别要点】茎自基部多分枝成丛，匍匐或斜向上。叶对生，具短叶柄，叶片心形至卵形，边缘有稀疏钝锯齿，两面被白色长柔毛。总状花序顶生；苞片叶状，互生，花生于苞腋；花萼片4，卵形，顶端急尖；花冠淡紫色，有深红色纹脉（如图3-115）。蒴果近肾形，密被腺毛。

【生物学特性】越年生或一年生草本。9～10月出苗，早春发生数量少，花期3～5月，种子4月渐次成熟。

图3-115 婆婆纳植株与花

通泉草 *Mazus pumilus* (N.L. Burman) Steenis

【识别要点】株高3～30cm。茎多分枝，上升或倾卧状上升。基生叶少到多数，有时成莲座状或早落，倒卵状匙形至卵状倒披针形；茎生叶对生或互生，少数，与基生叶相似或几乎等大。总状花序生于茎、枝顶端，常在近基部即生花，伸长或于上部成束状，花稀疏；花萼钟状；花冠白色、紫色或蓝色，上唇裂片卵状三角形，下唇中裂片较小，稍突出，倒卵圆形（如图3-116）。蒴果球形；种子小而多数，黄色，种皮上有不规则的网纹。

【生物学特性】一年生草本。种子繁殖。花果期4～10月。

图3-116 通泉草植株与花

地黄 *Rehmannia glutinosa* (Gaert.)
Libosch. ex Fisch. et Mey.

【识别要点】株高10～30cm，密被灰白色多细胞长柔毛和腺毛。根茎肉质肥厚，茎紫红色。叶通常在茎基部集成莲座状，向上逐渐缩小而在茎上互生；叶片卵形至长椭圆形，正面绿色，背面略带紫色，边缘具齿。花在茎顶部略排列成总状花序，或几乎全部单生叶腋而分散在茎上；花萼钟状，密被长柔毛，具10条隆起的脉；花冠筒状而弯曲，外面紫红色，被多细胞长柔毛；花冠裂片5枚；蒴果卵形至长卵形（如图3-117）。

【生物学特性】多年生草本。根茎繁殖为主，也可种子繁殖。花果期4～7月。

图3-117　地黄植株与花序

二十九、鸭跖草科

鸭跖草（竹叶草）*Commelina communis* L.

【识别要点】茎多分枝，基部匍匐而节处生根，上部上升，叶鞘及茎上部被短毛，其余部分无毛。叶互生，披针形或卵状披针形，叶无柄或几无柄，基部有膜质短叶鞘。总苞片具长柄，与叶对生，心形，稍弯曲，顶端急尖，边缘常有硬毛。花两性，数朵花集成聚伞花序，略伸出苞外；佛焰苞片有柄，心状卵形，边缘对合折叠，基部不相连，有毛；萼片3，膜质；花瓣上面两瓣为蓝色，下面一瓣为白色，常呈爪状（如图3-118）。蒴果椭圆形；种子椭圆形至菱形，种皮表面有皱纹。

【生物学特性】一年生草本。种子繁殖。4～5月出苗，花果期6～10月。

图3-118 鸭跖草植株与花

饭包草（火柴头）*Commelina benghalensis* Linnaeus

【识别要点】茎大部分匍匐，节上生根，上部及分枝上部上升，长可达70cm，被疏柔毛。叶鞘有疏长睫毛，叶有叶柄；叶片卵形至宽卵形，钝头，基部急缩成扁阔的叶柄，近无毛。总苞片佛焰苞状，柄极短，与叶对生，常数个集于枝顶，基部常生成漏斗状；聚伞花序有花数朵，几乎不伸出佛焰苞；萼片3，膜质，披针形；花瓣3，蓝色，圆形，具长爪（如图3-119）。蒴果椭圆状，种子黑色，多皱并有不规则网纹。

【生物学特性】多年生匍匐草本。花期7～10月。多由匍匐茎萌生。

图3-119 饭包草植株与花

三十、罂粟科

角茴香 *Hypecoum erectum* L.

【识别要点】株高5～30cm。基生叶多数，丛生；叶柄细长，基部扩大成鞘；叶片披针形，2～3回羽状分裂，末回裂片线形，茎生叶与基生叶同形，但较小，裂片丝状，无柄。二歧聚伞花序，苞片小，叶状细裂，萼片2，狭卵形。花瓣4，黄色，外面2枚倒卵形或近楔形，内面2枚倒三角形（如图3-120）。蒴果长角果状。

【生物学特性】一年生或二年生草本。花期4～5月，果期5～7月。

图3-120　角茴香植株与花

秃疮花 *Dicranostigma leptopodum* (Maxim.) Fedde

【识别要点】 株高 25～80cm，全体含淡黄色液汁，被短柔毛。茎多数，绿色，具粉，上部具多数分枝；基生叶丛生，叶羽状深裂，裂片4～6对，裂片再次深裂或浅裂，背面疏被白色短柔毛；茎生叶少数，生于茎上部。花1～5朵于茎和分枝先端排列成聚伞花序，花瓣4，花倒卵形至圆形，黄色；雄蕊多数，花丝丝状，柱头2裂，黄色（如图3-121）。蒴果线形，绿色；种子卵球形，棕色，具网纹。

【生物学特性】多年生草本。花期3～5月，果期6～7月。

图3-121　秃疮花植株与花

三十一、紫草科

田紫草（麦家公）*Lithospermum arvense* L.

【识别要点】株高20～40cm，茎直立或斜升，茎的基部或根的上部略带淡紫色，被糙伏毛。叶倒披针形或线形，顶端圆钝，基部狭楔形，两面被短糙毛，叶无柄或近无柄。聚伞花序生于枝上部，花序排列稀疏，有短花梗，花萼5裂至近基部，花冠白色或淡蓝色，筒部5裂（如图3-122）。小坚果。

【生物学特性】一年生或二年生草本。秋冬或早春出苗，花果期4～5月。种子繁殖。

图3-122 田紫草植株与花

附地菜（地胡椒、鸡肠草）

Trigonotis peduncularis (Trev.) Benth. ex Baker et Moore

图3-123 附地菜植株与花

【识别要点】茎常自基部分枝，直立或斜生，被短糙伏毛。基生叶呈莲座状，有叶柄，叶片匙形，先端圆钝，基部楔形或渐狭，两面被糙伏毛，茎上部叶长圆形或椭圆形，无叶柄或具短柄。花序生于枝顶，幼时卷曲，果期伸长，无苞片或只在基部具2～3个叶状苞片，花萼5深裂，花冠淡蓝色5裂（如图3-123）。小坚果4，三棱锥状。

【生物学特性】一年生或二年生草本。秋季或早春出苗，花期3～6月，果期5～7月。种子繁殖。

三十二、禾本科

看麦娘 *Alopecurus aequalis* Sobol.

图3-124 看麦娘植株与穗形圆锥花序

【识别要点】株高15～40cm，须根细软。秆少数丛生。幼苗第一片真叶呈带状披针形，长1.5cm，具直出平行脉3条，叶鞘亦具3条脉。叶及叶鞘均光滑无毛，叶鞘疏松抱茎，叶舌膜质。穗形圆锥花序呈细棒状。小穗长2～3mm，颖和外稃膜质。花药橙黄色，长0.5～0.8mm（如图3-124）。颖果线状倒披针形，暗灰色。

【生物学特性】一年生或二年生草本。种子繁殖。花果期4～5月。

白茅（茅针、茅根、茅草）*Imperata cylindrica* (L.) Beauv.

【识别要点】根茎长，粗壮，密生鳞片。秆直立，丛生，高25～80cm，节有柔毛。叶鞘聚集于秆基，长于节间，质地较厚，老后破碎呈纤维状，无毛或上部及边缘和鞘口有纤毛；叶舌膜质，紧贴其背部或鞘口具柔毛。叶片扁平，线形或线状披针形，背面及边缘粗糙，主脉在背面明显突出，并向基部渐粗大而质硬。圆锥花序圆柱状，分枝短缩密集，基部有时疏而间断（如图3-125）。颖果椭圆形。

【生物学特性】多年生草本。多以根状茎繁殖。苗期3～4月，花果期4～6月。

图3-125　白茅植株、花序与种子

狗尾草（绿狗尾草、谷莠子）*Setaria viridis* (L.) Beauv.

【识别要点】须状根。株高20～60cm，秆直立或基部膝曲，丛生，基部偶有分枝。叶鞘松弛，表面大部分无毛或疏具柔毛或疣毛，边缘具较长的密绵毛状纤毛；叶舌极短，缘有纤毛。叶片扁平，线状披针形，先端长渐尖或渐尖，基部钝圆形，通常无毛或疏被疣毛，边缘粗糙。圆锥花序紧密呈圆柱状或基部稍疏离，直立或稍弯垂，主轴被较长柔毛，粗糙或微粗糙，直立或稍扭曲，多为绿色或褐黄到紫红或紫色；小穗2～5个簇生于主轴上或更多的小穗着生在短小枝上（如图3-126）。颖果灰白色。

【生物学特性】一年生晚春性草本。种子繁殖。4～5月出苗，5月中下为出苗高峰期，花果期5～10月，结实期8～10月。种子经越冬休眠后萌发。

图3-126　狗尾草植株、花序

虎尾草 *Chloris virgata* Sw.

【识别要点】须根，根较细。株高20～60cm。茎直立、斜伸或基部膝曲，节着地可生不定根，丛生。叶片扁平，条状披针形；叶鞘光滑，背部有脊，叶舌有小纤毛。穗状花序长3～5cm，4～10余枚指状簇生茎顶，呈扫帚状，小穗紧密排列于穗轴一侧，成熟后带紫色（如图3-127）。颖果浅棕色，狭椭圆形。小坚果卵形，极小，污黄色。

【生物学特性】一年生草本。种子繁殖。花期7～11月，果期11～12月。

图3-127　虎尾草植株、花序

马唐 *Digitaria sanguinalis* (L.) Scop.

图3-128　马唐植株

【识别要点】株高10～80cm。秆直立或下部倾斜，着土后易生根或具分枝。叶鞘松弛抱茎，大部分短于节间，无毛或散生疣基柔毛；叶舌膜质，黄棕色，先端钝圆；上部叶互生或呈指状排列于茎顶，下部叶近于轮生，叶片线状披针形，基部圆形，边缘较厚，微粗糙，具柔毛或无毛。总状花序3～10个，长5～18cm；穗轴直伸或开展，两侧具宽翼，边缘粗糙；小穗椭圆状披针形（如图3-128）。

【生物学特性】一年生草本。种子繁殖。苗期4～6月，花果期6～9月，8～10月结实，种子边成熟边脱落，成熟种子有休眠习性。

虮子草 *Leptochloa panicea* (Retz.) Ohwi

图3-129　虮子草植株

【识别要点】株高30～60cm。秆较细弱，叶鞘通常疏生疣基的柔毛；叶舌膜质，多撕裂，或顶端作不规则齿裂；叶片质薄，扁平，无毛或疏生疣毛。圆锥花序长10～30cm，分枝细弱，微粗糙；小穗灰绿色或带紫色，长1～2cm，有2～4朵小花（如图3-129）。颖果圆球形。

【生物学特性】一年生草本。苗期4～5月，花果期8～9月。种子繁殖。

紫花苜蓿有害生物识别与诊断彩色图谱

千金子 *Leptochloa chinensis* (L.) Nees

【识别要点】株高30～90cm。幼苗淡绿色，7～8叶时出现分蘖和匍匐茎及不定根。秆丛生，上部直立，基部膝曲或倾斜，具3～6节，光滑无毛。叶鞘多短于节间，无毛；叶舌膜质，撕裂状，具小纤毛；叶片条状披针形，无毛，扁平或卷折。花序圆锥状，分枝长，由多数穗形总状花序组成；小穗含3～7花，成2行着生于穗轴的一侧，常带紫色（如图3-130）。颖果长圆形。

【生物学特性】一年生草本。种子繁殖。5～6月出苗，8～11月陆续开花、结果、成熟。种子经越冬休眠后萌发。

图3-130　千金子植株、根系、花序

芦苇 *Phragmites australis* (Cav.) Trin.ex Steud.

【识别要点】具粗壮匍匐的根状茎，黄白色，节间中空，每节生有一芽，节上生须根。株高1～3m，可分支，节下被蜡粉。叶鞘圆筒形，无毛或具细毛，叶舌边缘密生短纤毛；叶片扁平，披针状线形，光滑或边缘粗糙。圆锥花序顶生，分枝多数，着生稠密下垂的小穗，下部枝腋间具白柔毛；小穗通常含4～7朵花（如图3-131）。颖果椭圆形。

【生物学特性】多年生高大草本，根茎粗壮，横走地下。以种子和根茎进行繁殖。4～5月出苗，8～9月开花。

图3-131　芦苇植株、花序

稗 *Echinochloa crus-galli* (L.) P.Beauv.

【识别要点】株高50～130cm。秆直立或基部膝曲，光滑无毛。叶鞘与叶片界限不明显，无叶耳、叶舌，叶条形。圆锥花序塔形，开展，粗壮，直立，主轴具角棱，分枝为穗形总状花序，并生或对生于主轴，小枝上有小穗；小穗密集于穗轴的一侧，具极短柄或近无柄，脉上具刺状硬毛，脉间被短硬毛（如图3-132）。

【生物学特性】一年生草本。晚春型杂草，7月上旬抽穗、开花，8月初果实逐渐成熟。种子繁殖。

图3-132 稗植株、花序

早熟禾 *Poa annua* L.

【识别要点】植株矮小，秆丛生，直立或倾斜，质软，全体平滑无毛。叶鞘稍压扁，中部以下闭合，长于节间，或在中部的短于节间；叶舌薄膜质，圆头形；叶片扁平或对折，质地柔软，先端呈船形。圆锥花序，开展，每节有1～3分枝；小穗卵形，含3～5小花（如图3-133）。颖果纺锤形。

【生物学特性】一年生或冬性草本。种子繁殖。苗期为秋季、冬初，早春也可萌发。花期4～5月，果期6～7月。

图3-133　早熟禾植株

大画眉草

Eragrostis cilianensis (All.) Link ex Vignolo-Lutati

【识别要点】秆粗壮，<u>直立丛生</u>，基部常膝曲。高30～90cm，具3～5节，节下具一圈腺体。叶鞘疏松裹茎，短于节间，鞘口具长柔毛，叶舌为一圈成束的短毛；叶片线形扁平，伸展，无毛，叶脉上与叶缘均有腺体。圆锥花序长圆形或尖塔形，长5～20cm，分枝粗壮，小穗长圆形或卵状长圆形，墨绿色带淡绿色或黄褐色，扁压并弯曲，有10～40小花（如图3-134）。颖果近圆形。

【生物学特性】一年生草本。种子繁殖。花果期7～10月。

图3-134　大画眉草植株

雀麦 *Bromus japonicus* Thunb.ex Murr.

【识别要点】株高30～100cm。秆直立丛生；叶鞘紧密抱茎，被白色柔毛；叶狭，常扁平，被白色柔毛；圆锥形花序，有数个至多数小花，花序开展向下弯曲，分枝细弱；小穗幼时圆筒状，成熟后两侧压扁；颖披针形，颖果长而有槽纹（如图3-135）。

【生物学特性】一年生或越年生草本。种子繁殖。越年生的10月中旬开始出苗，一年生的4月份出苗，花果期5～6月。

图3-135　雀麦植株

野燕麦 *Avena fatua* L.

【识别要点】株高30～120cm。茎秆丛生，叶鞘长于节间，叶鞘松弛，光滑或基部被微毛；叶舌膜质透明；叶片长10～30cm，宽4～12mm，微粗糙，或上面和边缘疏生柔毛。圆锥花序开展，长10～25cm，小穗长18～25mm，含2～3小花，其柄弯曲下垂，顶端膨胀；小穗轴密生淡棕色或白色硬毛，其节脆硬易断落；颖草质，几相等；外稃质地坚硬，芒自稃体中部稍下处伸出，膝曲，芒柱棕色，扭转（如图3-136）。颖果被淡棕色柔毛，腹面具纵沟。

【生物学特性】越年生或一年生草本。种子繁殖。秋春季出苗，花果期4～5月。

图3-136　野燕麦植株

多花黑麦草 *Lolium multiflorum* Lam.

【识别要点】秆多数丛生，直立，高50～70cm。叶鞘较疏松，叶舌较小或不明显，叶片长10～30cm。穗状花序长15～30cm，小穗以背面对向穗轴，含10～15(20)小花；颖披针形，颖质较硬，具狭膜质边缘，5～7脉，通常与第一小花等长；上部小花可无芒，内稃与外稃等长，边缘内折，脊上有纤毛（如图3-137）。颖果长圆形，长为宽的3倍。

【生物学特性】一年生、越年生或短期多年生草本。种子繁殖。花果期7～8月。

图3-137　多花黑麦草植株

节节麦 *Aegilops tauschii* Coss.

【识别要点】秆高20～40cm，丛生，基部弯曲。叶鞘紧密包茎，平滑，边缘具纤毛；叶舌薄膜质；叶片细长，微粗糙，具疏生柔毛。穗状花序圆柱形，含（5）7～10（13）枚小穗，成熟时逐节脱落；小穗圆柱形，含3～4（5）小花；颖革质，通常具7～9脉，顶端截平或有微齿；外稃先端略截平而具长芒，芒长1～4cm，具5脉，脉仅于顶端显著，第一外稃长约7mm；内稃与外稃等长，脊上具纤毛（如图3-138）。颖果暗黄色，椭圆形至长椭圆形。

【生物学特性】一年生草本。种子繁殖。花果期5～6月。

图3-138 节节麦植株与穗状花序

牛筋草（蟋蟀草）*Eleusine indica* (L.) Gaertn.

【识别要点】根系极发达，根深。株高50～90cm，秆丛生，基部倾斜或向四围开展。叶鞘两侧压扁，有脊，无毛或有疣毛；叶片扁平或卷折。穗状花序，多个呈指状着生于秆顶，小穗含3～6朵小花；颖披针形，具脊，脊粗糙（如图3-139）。囊果卵形，内包种子1粒；种子长卵形或近椭圆形，黑褐色。

【生物学特性】一年生草本。种子繁殖。苗期4～5月，花果期6～10月，颖果边成熟边脱落。

图3-139 牛筋草植株与花序

鬼蜡烛（蜡烛草）*Phleum paniculatum* Huds.

【识别要点】秆高15～50cm，丛生，直立或斜升，具3～4节。叶片扁平，多斜向上生长；叶鞘短于节间，叶舌膜质。穗状花序圆柱形，形似蜡烛，幼近绿色，成熟后变黄。小穗倒三角形，含1朵小花（如图3-140）。颖果瘦小。

【生物学特性】一年生或二年生草本。种子繁殖。秋季或早春出苗，春夏季抽穗成熟。

图3-140　鬼蜡烛植株与穗状花序

菵草（水稗子）*Beckmannia syzigachne* (Steud.) Fern.

【识别要点】秆直立，丛生，株高15～90cm，具2～4节。叶鞘无毛，多长于节间；叶舌透明膜质，叶片扁平。圆锥花序，分枝稀疏，直立或斜升；小穗扁平，圆形，灰绿色，常含1小花（如图3-141）。颖果黄褐色，长圆形，先端具丛生短毛。

【生物学特性】一年生或二年生草本。种子繁殖。冬前或早春出苗，4～5月开花，5～6月成熟。

图3-141 菵草植株与花序

三十三、百合科

薤白 *Allium macrostemon* Bunge

【识别要点】鳞茎近球状；叶3～5枚，半圆柱状，或因背部纵棱发达而为三棱状半圆柱形，中空，上面具沟槽，比花茎短。花茎圆柱状，伞形花序半球状至球状，具多而密集的花，花淡紫色或淡红色，或间具珠芽；花被片长圆状卵形；子房近球状，腹缝线基部具凹陷蜜腺（如图3-142）。蒴果，种子近圆肾形，黑褐色。

【生物学特性】多年生草本。苗期秋冬季，花果期5～7月。以鳞茎或珠芽繁殖。

图3-142 薤白植株、根茎和花

三十四、莎草科

具芒碎米莎草 *Cyperus microiria* Steud.

图3-143　具芒碎米莎草花序

【识别要点】具须根。株高20～50cm，秆丛生，锐三棱形，基部具叶。叶短于秆。叶状苞片3～4枚，长于花序。长侧枝聚伞花序复出，具5～7个辐射枝，辐射枝长短不等，顶端3～6个穗状花序，穗状花序卵形或宽卵形或近于三角状卵形，小穗线形或线状披针形；鳞片膜质，背面有龙骨状突起，具脉3～5条，中脉延伸至顶端呈短尖头（如图3-143）。小坚果倒卵形，三棱形。

【生物学特性】一年生草本。种子繁殖。5～6月出苗，7～9月开花、结果。

萤蔺（灯心藨草） *Schoenoplectiella juncoides* (Roxburgh) Lye

图3-144　萤蔺植株

【识别要点】根状茎短。秆丛生，秆高20～30cm，圆柱形。秆基部有2～3个叶鞘，开口处为斜截形，无叶片。苞片1枚，为秆的延长，直立，长5～15cm。小穗2～7个聚成头状，假侧生，卵形或长圆状卵形，棕色或淡棕色，具多数花（如图3-144）。

【生物学特性】多年生草本。种子和根茎繁殖。5～8月出苗，7～10月开花结果，8～11月果实渐次成熟。

头状穗莎草（聚穗莎草）*Cyperus glomeratus* L.

【识别要点】根状茎短，生多数须根。株高50～95cm。秆粗壮，散生，三棱形，光滑，基部稍膨大。叶线形，通常短于秆，先端狭尖，边缘不粗糙，叶鞘长。叶状苞片3～4片，长于花序，边缘粗糙。长侧枝聚伞花序有3～9个不等长的辐射枝，于其延长的穗轴（包括二级辐射枝）上，密生多数的小穗，组成长圆形或卵形的穗花序，

图3-145　头状穗莎草植株与花序

稀少辐射枝，简化而呈头状。小穗多列，排列紧密，线状披针形或线形，稍扁平，有花8～16朵，小穗轴细，有白色透明的翅；鳞片长圆形，棕红色，先端钝（如图3-145）。小坚果长圆状，三棱形，灰褐色，有明显的网纹。

【生物学特性】一年生草本。种子繁殖。种子于春季萌发，花期6～8月，果期8～10月。

旋鳞莎草 *Cyperus michelianus* (L.) Link

【识别要点】具许多须根。秆密丛生，高2～25cm，扁三棱形，平滑。叶长于或短于秆，平张或有时对折。苞片3～6枚，叶状，基部宽，较花序长很多；长侧枝聚伞花序呈头状，卵形或球形，具多数密集小穗；小穗卵形或披针形，具

图3-146　旋鳞莎草植株与花序

10～20朵花；鳞片螺旋状排列，膜质，长圆状披针形，淡黄白色，稍透明，有时上部中间具红褐色条纹，具3～5条脉，中脉呈龙骨状突起，绿色，延伸出顶端呈一短尖（如图3-146）。小坚果长圆状，三棱形。

【生物学特性】一年生草本。种子繁殖。花果期6～9月。

香附子 *Cyperus rotundus* L.

【识别要点】有细长匍匐根状茎，部分肥厚成纺锤形，有时数个相连。茎直立，三棱形。叶丛生于茎基部，叶鞘闭合包于茎上，叶片窄线形，先端尖，全缘，具平行脉，主脉于背面隆起，质硬；花序复穗状，3～6个在茎顶排成伞状，基部有叶片状的总苞2～4片；小穗宽线形，略扁平；颖2列，排列紧密，卵形至长圆状卵形，膜质，两侧紫红色，有数脉（如图3-147）。小坚果长圆状倒卵形，三棱状。

【生物学特性】多年生草本，以块茎和种子繁殖。4月发芽出苗，6～7月抽穗开花，果期8～10月。

图3-147 香附子植株、匍匐根状茎与花序

第四章

苜蓿田间主要病虫草害
防治技术

苜蓿田间病虫害安全防控技术规程

1 范围

本技术规程规定了山东省苜蓿主要病虫害安全防控技术措施和注意事项等。

本技术规程适用于山东省苜蓿田间病虫害的综合治理。

2 规范性引用文件

下列文件中的条款通过本技术规程的引用而成为本技术的条款。凡是注日期的引用文件，其随后所有修改单（不包括勘误的内容）或修订版均不适用于本技术规程。凡是不注日期的引用文件，其最新版本适用于本技术规程。

GB/T 8321系列　农药合理使用准则（一）～（十）

GB 6141　豆科草种子质量分级

NY/T 1276　农药安全使用规范总则

NY/T 496　肥料合理使用准则 通则

3 术语与定义

3.1 农业防治

利用农艺管理技术，降低病虫种群基数或减少其侵染，培育健壮植株，增强植株抗害、耐害和自身补偿能力，避免有害生物危害的一种植物保护措施。

3.2 物理防治

采用物理方法控制有害生物或改变其物理环境，创造不利于有害生物的环境条件或阻隔其侵入的防治方法。

3.3 生物防治

利用生物及其代谢产物防治有害生物的方法。

3.4 化学防治

应用化学农药防治有害生物的方法。

3.5 经济阈值

害虫的某一密度，达到此密度时应采取控制措施，否则害虫将引起等于这一措施期望代价的期望损失，简称ET。

3.6 安全间隔期

最后一次施药至作物收获（采收）前的时期，即自喷药后到残留量降到最大允许残留量所需的时间。

4 主要防治对象

4.1 病害

苜蓿褐斑病、炭疽病、尾孢叶斑病等。

4.2 虫害

叶蝉、蚜虫、蓟马、潜叶蝇、椿象、甜菜夜蛾、斜纹夜蛾、苜蓿夜蛾等。

5 防治原则

以农业防治为基础，生物防治和物理防治为核心，按照病虫害发生的经济阈值，合理进行化学防治，经济、安全、有效地控制病虫为害。

化学药剂的使用应符合GB/T 8321、NY/T 1276的规定。提倡选用高效、低毒、低残留的农药品种，禁止使用剧毒、高毒、高残留农药，重金属制剂及激素类物质。禁用药剂参见附录A。

不同作用机理药剂合理轮用与混配，避免长期、单一使用同一药剂。农药在苜蓿上使用的安全间隔期为15天，即收割前15天应停止用药。

6 防治方法

6.1 农业防治

6.1.1 选用抗性良种

根据当地病虫害发生情况，选用金皇后、鲁黄一号等抗性良种。按GB 6141的规定，选用符合3级标准以上的种子。

6.1.2 提高植株抗性

播种前结合土壤耕作施入厩肥，用于培肥和改良土壤，供给苜蓿整个生长发育期所需要的养分；在苜蓿分枝、现蕾及每次刈割后主要追施磷、钾肥，肥料使用应符合NY/T 496的规定；在苜蓿生长期可结合施药进行叶面喷肥。苜蓿生长期按需及时灌溉补水；越冬前灌足防冻水。

6.1.3 加强刈割管理

开花10%时刈割；越冬前最后一次刈割应保持30～40d的生长期。刈割的高度视地区、品种及生长水平而定，一般留茬高度10～15cm，

7～8月留茬高度应保持5～6cm或齐地刈割。

6.1.4　及时清洁田园

定期清除田间的病株残体和杂草，减少病害扩散源和病虫中间寄主。越冬前彻底清洁田园，控制翌年的病害初侵染源和虫害的越冬虫源。

6.2　物理防治

在苜蓿田设置电子杀虫灯，诱杀鳞翅目的蛾类、鞘翅目的金龟子等害虫，每2～3hm²苜蓿地挂一盏，挂灯高度为离地面1～1.5m。挂黄板诱杀蚜虫、潜叶蝇、小绿叶蝉，挂蓝板诱杀蓟马，每666.7m²悬挂25cm×40cm的色板15～20块。诱虫板下沿比植株生长点高15～20cm。

6.3　生物防治

刈割时，提倡田边留有少量苜蓿，为害虫天敌提供庇护场所。充分利用寄生性、捕食性天敌昆虫及病原微生物，调节害虫种群密度，将其种群数量控制在为害水平以下。尽可能减少化学农药的使用，减少对天敌的伤害。

6.4　化学防治

6.4.1　药剂拌种

采用16%多·克悬浮种衣剂，按0.7%～1%种子量拌种，可预防种传、土传病害，对苗期蚜虫防治作用明显，且有利于保护天敌。

6.4.2　喷雾防治

6.4.2.1　主要病害

防治褐斑病、炭疽病、尾孢叶斑病等叶部病害，在病害发生初期用药，常用药剂有（以有效成分a.i.计）：75%百菌清可湿性粉剂750～937.5mg（a.i.）/kg、50%多菌灵可湿性粉剂625～833.3mg（a.i.）/kg、10%苯醚甲环唑水分散粒剂83.3～125mg（a.i.）/kg、25%咪鲜胺乳油125～250mg（a.i.）/kg等。

6.4.2.2　主要虫害

防治蚜虫、蓟马、叶蝉、盲椿象等刺吸式害虫，若虫期喷雾效果好。常用的药剂有：25%噻虫嗪可分散粒剂62.55～83.35mg（a.i.）/kg，20%啶虫脒可溶粉剂50～66.7mg（a.i.）/kg，35%吡虫啉可湿性粉剂116.75～175mg（a.i.）/kg，2.5%溴氰菊酯乳油8.35～12.5mg（a.i.）/kg。为避免抗药性的产生，建议不同作用机制的药剂交替使用。

防治潜叶蝇的幼虫应在蛀道长1cm左右或幼虫破叶化蛹期，防治成虫在其活动盛期，喷药时间以上午8：00～11：00为最佳时期，常用的药剂有：25%噻虫嗪可分散粒剂62.55～83.35mg（a.i.）/kg、50%灭蝇胺可湿性粉剂200～333.3mg（a.i.）/kg。

防治甜菜夜蛾、斜纹夜蛾、苜蓿夜蛾等咀嚼式害虫，在卵孵化盛期至低龄幼虫期进行喷雾，常用的药剂有：14%氯虫·高氯氟微囊悬浮剂28～37.3mg（a.i.）/kg，50g/L氟啶脲乳油233.3～333.3mg（a.i.）/kg，2%阿维菌素乳油10～20mg(a.i.)/kg。交替使用不同作用机制的药剂。

附录A

一、禁止（停止）使用的农药（46种）

六六六、滴滴涕、毒杀芬、二溴氯丙烷、杀虫脒、二溴乙烷、除草醚、艾氏剂、狄氏剂、汞制剂、砷类、铅类、敌枯双、氟乙酰胺甘氟、甘氟、毒鼠强、氟乙酸钠、毒鼠硅、甲胺磷、对硫磷、甲基对硫磷、久效磷、磷胺、苯线磷、地虫硫磷、甲基硫环磷、磷化钙、磷化镁、磷化锌、硫线磷、蝇毒磷、治螟磷、特丁硫磷、氯磺隆、胺苯磺隆、甲磺隆、福美胂、福美甲胂、三氯杀螨醇、林丹、硫丹、溴甲烷、氟虫胺、杀扑磷、百草枯、2,4-滴丁酯。

二、在部分范围禁止使用的农药（20种）

通用名	禁止使用范围
甲拌磷、甲基异柳磷、克百威、水胺硫磷、氧乐果、灭多威、涕灭威、灭线磷	禁止在蔬菜、瓜果、茶叶、菌类、中草药材上使用，禁止用于防治卫生害虫，禁止用于水生植物的病虫害防治
甲拌磷、甲基异柳磷、克百威	禁止在甘蔗作物上使用
内吸磷、硫环磷、氯唑磷	禁止在蔬菜、瓜果、茶叶、中草药材上使用
乙酰甲胺磷、丁硫克百威、乐果	禁止在蔬菜、瓜果、茶叶、菌类和中草药材上使用
毒死蜱、三唑磷	禁止在蔬菜上使用
丁酰肼（比久）	禁止在花生上使用
氰戊菊酯	禁止在茶叶上使用
氟虫腈	禁止在所有农作物上使用（玉米等部分旱田种子包衣除外）
氟苯虫酰胺	禁止在水稻上使用

/ 第二节 /

苜蓿田间杂草安全防控技术规程

1 范围

本技术规程规定了山东省苜蓿田间杂草安全防控技术措施和注意事项等。

本技术规程适用于山东省苜蓿田间杂草的综合治理。

2 规范性引用文件

下列文件中的条款通过本技术规程的引用而成为本技术的条款。凡是注日期的引用文件，其随后所有修改单（不包括勘误的内容）或修订版均不适用于本标准。凡是不注日期的引用文件，其最新版本适用于本标准。

GB/T 8321系列　农药合理使用准则（一）～（十）

GB 6141　豆科草种子质量分级

NY/T 1276　农药安全使用规范总则

NY/T 496　肥料合理使用准则 通则

3 苜蓿田主要防除对象

3.1 禾本科杂草

马唐、牛筋草、狗尾草、稗、千金子等。

3.2 阔叶杂草

铁苋菜、反枝苋、凹头苋、皱果苋、马齿苋、藜、小藜、田旋花、打碗花、苘麻、鳢肠、播娘蒿、荠菜等。

3.3 莎草科杂草

香附子、具芒穗米莎草、聚穗莎草等。

4 防治原则

各苜蓿产区应根据当地杂草实际发生情况，确定主要防治对象，加强检疫，以做好杂草群落调查、选好种子、实行田园清洁、合理水肥调控、健身栽培等农业防治为基础，适期进行化学药剂防治，将杂草为害损失控制在经济允许水平之内。

化学药剂的使用应符合GB/T 8321、NY/T 1276的规定。提倡选用绿色、安全、高效、广谱药剂，预防为主，对主要杂草进行综合防治。不同作用机理药剂合理轮用与混配，避免长期、单一使用同一药剂。

5 综合防治措施

5.1 植物检疫

苜蓿引种时，进行严格检疫，防止危险性杂草种子传入。

5.2 农业措施

以农业措施防除杂草，是苜蓿田综合防除体系中不可缺少的途径之一。要贯穿于苜蓿栽培的每一生产环节。

5.2.1 种子选择

按GB 6141的规定，选用符合3级标准以上的种子。

5.2.2 播前处理

播种前灌溉，诱发杂草出苗，然后浅旋耕6～10cm土壤，减轻苗期杂草危害。

5.2.3 中耕措施

早春苜蓿返青前，沿条播方向浅耙一次，灭除浅根系杂草，松土保墒。夏季苜蓿刈割后，沿条播方向中耕一次，除草且松土保墒。

5.2.4　人工除草

人工或利用农机具拔草等直接杀死杂草。

5.2.5　合理轮作

苜蓿种植4～7年后，与单子叶作物轮作，以防除双子叶杂草。

5.2.6　刈割除草

调整刈割次数和刈割时间，防除杂草。

5.3　化学措施

利用苜蓿和杂草的土壤位差和空间位差，通过化学除草剂进行土壤处理或茎叶处理，杀死杂草。

选用在苜蓿田登记使用的除草剂品种。根据田间优势杂草，选择合适除草剂。除草剂使用之前应详细阅读使用说明书，按说明书中规定的除草剂使用剂量、施药时期及注意事项等执行。砂质土壤禁止使用扑草净。不同年份，除草剂应轮换使用。除草剂的使用应符合GB/T8321的规定。

车载喷雾机械喷施除草剂兑水量一般为每667m^{2}用15～30kg，人工背负式喷雾器喷施除草剂兑水量一般为每667m^{2}用30～50kg。

把苜蓿田分为两类，一是播种田，二是刈割田。针对这两种田块，推荐选用不同的除草剂及用量进行防除。

5.3.1　播种田播前土壤处理

苜蓿播种前5～7d，每667m^{2}可选用41%草甘膦异丙胺盐水剂150～250mL均匀喷雾处理，防除田间已有杂草。

播前土壤处理或播后苗前土壤处理。

禾本科杂草为主的地块，每667m²可分别选用48%氟乐灵乳油100～150mL，或33%二甲戊灵乳油或微囊悬浮剂150～200mL，或48%仲丁灵乳油200～250mL，或96%精异丙甲草胺乳油50～85mL。氟乐灵在播前2～3d土壤喷雾处理后，应浅耙土5cm左右，防止其挥发和光解；二甲戊灵可采用土壤喷雾处理，也可采用毒土法处理。

阔叶杂草为主的地块，每667m²可分别选用50%扑草净可湿性粉剂100～150g，或70%嗪草酮可湿性粉剂60～80g，均匀喷雾处理。

杂草混生地块，可以选用以上防除禾本科和阔叶杂草的两类药剂进行混用，混用药量应低于单用药量，宜进行小区试验确定最佳混配用量，确保对苜蓿的安全性。

5.3.2 播种田苗后茎叶处理

播种后苜蓿出苗3～5叶期，杂草2～5叶期，茎叶均匀喷雾。

禾本科杂草为主的地块，每667m²可分别选用108g/L高效氟吡甲禾灵乳油30～50mL，或24%烯草酮乳油20～30mL，或5%精喹禾灵乳油70～90mL，均匀喷雾处理。

杂草混生地块，每667m²可分别选用240g/L甲咪唑烟酸水剂20～40mL，或50%丙炔氟草胺可湿性粉剂10～20g，均匀喷雾处理。

5.3.3 刈割田杂草防治

苜蓿刈割后7～15d，部分刈割杂草新发嫩枝，并且另外新生一些杂草，视田间草相选择除草剂的种类及用量。

禾本科杂草为主的地块，每667m²可分别选用108g/L高效氟吡甲禾灵乳油30～50mL，或24%烯草酮乳油20～30mL，或5%精喹禾灵乳油70～90mL，均匀喷雾处理。

阔叶杂草为主的地块，每667m²可分别选用240g/L甲咪唑烟酸水剂

20 ～ 40mL，或50%丙炔氟草胺可湿性粉剂10 ～ 20g，或48%灭草松水剂150 ～ 200mL，或80%唑嘧磺草胺水分散粒剂5 ～ 8g，或5%嗪草酸甲酯乳油12 ～ 18mL。

5.3.4 喷施除草剂的环境条件

喷药时适宜气温10℃以上，无风或微风天气，植株上无露水，喷药后24h内无降雨；注意风向，避免除草剂飘移发生药害。气温高时用低剂量，反之用高剂量；突遇降温时，慎用除草剂，施药前后3d最低气温低于10℃，禁止使用除草剂。

5.3.5 喷施除草剂的土壤条件

苜蓿田土质为砂土、砂壤土及土壤有机质含量低时，用药量应适当减少，避免药害。砂质土壤禁止使用扑草净。干旱时，应造墒，墒情好用药量低，墒情差用药量高。土地应平整，如地面不平，遇到较大雨水或灌溉时，药剂往往随水汇集于低洼处，造成药害。

5.3.6 器械选择

选择生产中无农药污染的常用喷雾器，带恒压阀的扇形喷头，喷药前应仔细检查药械的开关、接头、喷头等处螺丝是否拧紧，药桶有无渗漏，以免发生漏药污染。

5.3.7 科学施药

喷头离靶标距离不超过50cm，要求喷雾均匀、不漏喷、不重喷。

5.3.8 安全防护

在施药期间不得饮酒、抽烟；施药时应戴口罩、穿工作服，或穿长袖上衣、长裤和雨鞋；施药后要用肥皂洗手、洗脸，用净水漱口；药械应清洗干净，以防喷雾器残余除草剂对其他作物产生药害。

参考文献

[1] 张玉聚，李洪连，张振臣，等.中国农田杂草防治原色图解[M].北京：中国农业科学技术出版社，2010.

[2] 张玉聚，李洪连，张振臣，等.中国农作物病虫害原色图解[M].北京：中国农业科学技术出版社，2010.

[3] 陶雅，孙启忠，徐丽君，等.我国苜蓿产业发展态势与面临的挑战[J].草原与草业，2022,34(1):1-10.

[4] 卢欣石.苜蓿饲草产业发展的质与量问题[J].中国乳业，2021 (8):9-12.

[5] 王明利.推动苜蓿产业发展全面提升我国奶业 [J].农业经济问题，2010,31(5):22-26，110.

[6] 袁玉涛，史娟，马新，等.紫花苜蓿白粉病病原菌鉴定及其生物学特性[J].微生物学通报，2020,47(11):3539-3550.